贵州省教育厅高校人文社会科学研究项目《黔菜推广及培训教育体系研究》成果
贵州省理论创新课题《贵州辣椒蘸水产业发展策略研究》成果
贵州省人力资源和社会保障厅技能大师工作室带徒教材

贵州名菜

主　编　吴茂钊
副主编　黄永国　刘海风　杨绍宇　周定欢
　　　　杨　梅　杨　波　潘正芝
主　审　钱　鹰　刘　先　张智勇

重庆大学出版社

内容提要

作为以全面介绍黔菜风味和贵州名菜、名火锅、名小吃为主要内容的首本黔菜教材,《贵州名菜》是贵州省教育厅高校人文社会科学研究项目《黔菜推广及培训教育体系研究》成果,是贵州省人力资源和社会保障厅技能大师工作室师带徒教材的开启,也是黔菜全民教育研究的开端。本书分为5个项目:黔菜味道黔之道、爽口冷菜贵州风、贵州风味家常菜、火锅干锅和烙锅、贵州名点名小吃,即贵州名菜基础知识、贵州冷菜制作、贵州热菜制作、贵州火锅制作、贵州小吃制作5类。本书可作为高职高专院校烹调工艺与营养专业教材、中等职业学校中餐烹饪与营养膳食专业教材、本科院校烹饪营养与教育专业教材,可作为培训教材和社区教育教材,还可作为贵州饮食文化、贵州名菜、贵州火锅、贵州小吃、贵州民族菜等课程的教材,同时,对酒店管理类、旅游服务类专业人员也有一定的参考价值。

图书在版编目(CIP)数据

贵州名菜 / 吴茂钊主编. -- 重庆: 重庆大学出版社, 2020.4(2022.1重印)
职业教育烹饪专业教材
ISBN 978-7-5689-1992-0

Ⅰ.①贵… Ⅱ.①吴… Ⅲ.①菜谱—贵州—高等职业教育—教材 Ⅳ.①TS972.182.73

中国版本图书馆CIP数据核字(2020)第020020号

职业教育烹饪专业教材
贵州名菜
主 编 吴茂钊
策划编辑:沈 静
责任编辑:沈 静 版式设计:沈 静
责任校对:刘志刚 责任印制:张 策
*
重庆大学出版社出版发行
出版人:饶帮华
社址:重庆市沙坪坝区大学城西路21号
邮编:401331
电话:(023)88617190 88617185(中小学)
传真:(023)88617186 88617166
网址:http://www.cqup.com.cn
邮箱:fxk@cqup.com.cn(营销中心)
全国新华书店经销
重庆升光电力印务有限公司印刷
*
开本:787mm×1092mm 1/16 印张:12 字数:302千
2020年4月第1版 2022年1月第2次印刷
印数:3 001—5 000
ISBN 978-7-5689-1992-0 定价:49.00元

本书编委会

荣誉主编： 古德明

主　　编： 吴茂钊

主　　审： 钱　鹰　刘　先　张智勇

副 主 编： 黄永国　刘海风　杨绍宇　周定欢　杨　梅　杨　波　潘正芝

编　　委： 王　娟　王　力　田　芳　孟　庆　周鸿媛　陈克芬　何　花　张乃恒
刘黔勋　关鹏志　张建强　张智勇　杨亚华　龙凯江　吴昌贵　娄孝东
吴大财　庞学松　刘志忠　叶国宪　金　敏　胡文柱　解　筑　王伦兴
廖涌臣　陈清清　王炳维　万秀才　李正光　鲁定成　孙吉宁　王　旭
杜志勇　张　超　王坤平　代绍斌　陈德琴　张洪礼　薛　颖　蒋昌容
李洁英　王永芳　成　伟　杜文科　梁建勇　高小书　王利君　趙梓均
陈　江　韩　能　杨通州　吴元芳　梁厚智　万青松　李凯峰　李　锐
唐毅强　熊学军　梁　伟　郑生刚　吴疏影　杨　娟　李支群　何忠花

菜品制作： 吴茂钊　杨　波　叶国宪　龙凯江　张学光　龙　胜　吴昌贵　吴大财
娄孝东　潘绪学　尹文学　陈　军　白　春　罗锡兵　赵文刚　王　勇
罗顺成　张家勇　许长丽　陈媛媛　卜渡云　王　鑫　刘　伟　丁美洁
文军军　孙校磊　周癸名　岑洪文　郑金丽　郑金龙　唐　福　黄昌伟
熊远兵　刘纯金　陈宇达　王绍金　刘祖邦　郑开春　岑南芸　杨绍宇
杨昌品　潘万桥　吴廷光　黄永国　黄进松　林茂永　吴起鹏　任　亚
韦如利　陈应琼　杨兴莲　舒基霖　郑代红　徐敏昌　郭茂江　金明伟

摄　　影： 吴茂钊　潘绪学　田道华　杨　波　张先文　周思君　陈泽刚　王者嵩
赵　君　张　洋　江梅娟　叶国宪　龙凯江　庞学松

主编简介

—— 吴茂钊 ——

中式烹调高级技师，国家职业技能鉴定高级考评员，中国烹饪大师，中国餐饮文化大师，中国黔菜文化传承导师，中国食文化传播使者，中国食文化研究会黔菜专业委员会主任，贵州省吴茂钊技能大师工作室领办人，《黔菜推广及培训教育体系研究》课题负责人，贵州轻工职业技术学院烹饪教师，农业推广硕士，黔菜理论体系建设者，黔菜文化研究开拓者，黔菜人才教育践行者，黔菜产业发展推动者，曾出版《贵州风味家常菜》《黔菜味道》《黔菜传说》《追味儿——跟着大厨游贵州》等图书，发表专业文章上百篇。

PREFACE

前言

“藏在深闺人未识”的贵州菜，与身居大山深处的淳朴的贵州人交汇融合，经过千百年交流碰撞，形成以酸、辣、香为特色的饮食风格。贵州菜食材生态，品种丰富，味道多变，包容性强，民风浓郁。伴随着大数据、大健康、大旅游的贵州一路前行，异彩纷呈的民族饮食文化不断发展，并丰富着其内涵与外延。

编写本书的初衷是系统归纳黔菜风味，系统展示贵州名菜、名火锅、名小吃的制作过程，为烹饪和相关专业学生以及众多贵州菜爱好者提供学习素材，为教师教学提供一本全面的、图文并茂的教材。本书以流传下来的名菜为主线进行深入浅出的介绍，结合黔菜的历史与发展，对贵州特色原辅调料应用、民族风味饮食文化和家家会做、人人爱吃的辣椒蘸水进行解读。通过学习，读者能迅速掌握理论基础知识，提高操作技能。本书根据当今市场的发展情况，有针对性地以5个项目、16个模块，对160多款贵州名菜进行展示和分解。本书可供高职高专院校、中等职业学校、本科院校、社区学校和培训学校烹调工艺与营养专业、中餐烹饪与营养膳食专业、烹饪营养与教育专业、旅游管理专业、酒店管理专业教学使用，可作为贵州饮食文化、贵州名菜、贵州火锅、贵州小吃、贵州民族菜等课程的教材，可作为营养配餐与设计、宴席设计与制作课程的辅助教材，还可供厨师和家庭厨艺爱好者学习。

本书在编写过程中，得到了贵州省教育厅高校人文社会科学研究项目、贵州省人力资源和社会保障厅技能大师工作室的大力支持，同时，得到了贵州轻工职业技术学院的帮助。贵州轻工职业技术学院烹饪教师、贵州省吴茂钊技能大师工作室领办人吴茂钊负责全书的统筹设计。黔菜泰斗古德明，黔菜专家、大厨，社区教育、职业技能培训教师，开设烹饪和相关专业的9所高职高专院校、27所中等职业学校的专业教师参与了本书的撰稿和统稿。本书由黔厨厨师职业培训学校黄永国，贵州电子商务职业技术学院刘海凤，贵阳市女子职业学校杨绍宇，贵阳新东方烹饪学院周定欢，毕节职业技术学院杨梅，贵阳市盲聋哑学校兼职教师、贵州音恋餐饮有限公司总经理杨波，贵州轻工职业技术学院潘正芝担任副主编。中国食文化研究会黔菜专业委员会、黔西南州饭店餐饮行业协会、黔东南州烹饪饭店行业协会、遵义市红花岗区烹饪协会、我爱贵州美食网、黔菜网等行业专家和企业管理人员参与了本书的编写。另外,《黔菜推广及培训教育体系研究》课题和贵州省吴茂钊技能大师工作室全体成员也参与了本书的编写。贵州省钱鹰名师工作室主持人、贵阳市女子职业学校烹饪部钱鹰,贵州省中式烹调大师、刘先国家级技能大师工作室领办人、贵州航空职业技术学院烹饪系刘先,贵州省黔西南州饭店餐饮行业协会常务会长兼秘书长、贵州盗汗鸡餐饮策划管理有限责任公司董事长张智勇担任本书主审。

本书营养分析部分主要参考《中国食物成分表(第一册)》,以主辅料为标准进行营养分析,未计算调味料部分。营养分析部分以单份菜肴计量,涉及多份集中制作菜肴的营养数据已分解。数据仅作为参考,便于学生制作营养餐,不再一一计算。

由于黔菜制作技术不断进步,因此,本书尚存在不足之处,敬请大家提出宝贵的意见和建议,便于再版时修订。

编　者

2020 年 1 月

目 录

项目1 黔菜味道黔之道

项目2 爽口冷菜贵州风

项目 3　贵州风味家常菜

项目 4 火锅干锅和烙锅

项目 5 贵州名点名小吃

参考文献

项目1

黔菜味道黔之道

教学名称： 黔菜味道黔之道

教学内容： 贵州名菜基础知识

教学要求： ①了解贵州菜的历史沿革。

②了解贵州的食材与特性。

③了解黔菜之酸道、辣道、香道。

④了解贵州民族风味菜的特色。

课后拓展： 课后撰写一篇人们熟知的贵州风味菜文章，并通过网络、图书等多种查阅渠道，熟悉贵州菜的相关基础知识。能回答黔菜风味与构成、名菜名火锅名小吃品种。

黔之味，味在民间，根在民族。

黔之味，如同贵州人的性格，淳朴纯味：追求单纯，辣就辣出品位，酸就酸出风格；追求本味，突出生态食材之美。大山生活，道法自然。生活造就性格，黔之味亦然。

任务1 贵州名菜发展史

考古发现，很早就有人类在贵州生活，从部落到山寨，从土司到行政区域，经历数千年繁衍和演变，留下了诸多佳肴美馔的千古传奇。

1）远古时期

贵州苗族同胞在特定的自然条件和生活环境下，创制了“黔菜之最”苗家酸汤。酸汤鱼全国闻名，享誉世界。

最早记载贵州名菜的，当数《史记·西南夷列传》。汉武帝派遣唐蒙入南越，唐蒙归至长安，向蜀贾人，贾人曰：“独蜀出枸酱，多持窃出市夜郎。夜郎者，临牂牁江，江广百余步，足以行船。”正是如今牂牁江边六枝特区郎岱镇的传统调味酱料夜郎酱。据考，茅台系列酱香酒源自枸酱风味。

2）春秋战国至汉魏时期

春秋战国时期，夜郎国与周边的四川、广西、湖南、云南等地有着密切交往，以至于汉书里记载枸酱出自夜郎。到了汉代和三国时期，夜郎国与各地的交流更加频繁，烹饪文化不断发展。黄粑相传是战事中一次“失误”的成果。木甑蒸好了饭食，由于急于战斗，未来得及熄火。谁知战斗延续两天，揭盖一看，饭食发黄但香气扑鼻，确认无毒后，大家纷纷抢食。后来，军中厨师将其改良成粑，可携带上战场，因其为黄色，故称之为黄粑。

3）明清时期

明清时期，大量移民涌进贵州，仡佬族、布依族、水族和迁徙而来的苗族、侗族、彝族人民居住在大山里。话说明太祖朱元璋为统一天下，多次发动“平滇”战争，还调集30万大军驻屯贵州。屯军将士多系江南水乡汉人，移居贵州后，把江南的生产技术、生活习俗、饮食物料、文明礼仪带到贵州，对贵州的经济、政治、文化产生了很大影响。水西的奢香夫人为了民族大团结，特别制作了九斤九两的大荞酥为义父朱元璋贺寿，名曰“九龙献瑞”，极大地推动了贵州饮食文化的发展。多次大规模移民中，四川、广东、广西、江西、江苏、湖南、湖北的人来到贵州。人烟稀少、万山重叠、运输全靠人挑马驮的贵州很快繁荣起来。贵阳、安顺、遵义、茅台、青岩、镇远等地逐渐商贾云集，政治、经济、文化日渐繁荣。移民和商贾不仅带来了各地的商品，而且带来了各地的烹饪方法和美味佳肴。本地厨师在提升本民族菜肴的同时，取长补短，结合当地原材料、调料、辅料和民族禁忌，对民族菜进行了改良，丰富了民族菜的品种。《水城厅志》记载，康熙三年，平西王吴三桂率领云南十滇2.8万兵马，由归集入水城境，镇压水西彝族土司，官兵到达水西后粮草严重不足，便取来屋顶瓦片和腌窖食物的瓷器土坛，架在火上用猎获的野味野菜、洋芋等烤烙充饥。不料，这无奈之举竟使人们开发出一款美味。

4）清末和民国时期

贵州人将贵州菜推向全国，推向世界，从未间断。鸡蛋糕走出国门，宫保鸡历经京鲁

定型，茅台鸡隐藏公馆，一直被珍藏。民国时期商业的兴起，黔菜遍地开花，北平南黔阳、北黔阳、端记等黔菜馆兴起。

5）新中国成立后到改革开放时期

新中国成立后，随着人们生活水平的逐步提高，餐饮业复苏。兴建酒店，开办餐厅，公私合营，名店兴盛。入黔厨师崭露头角，纷纷成名。物质生活水平快速提高，口味融合，菜肴更新，市场繁荣，地方小吃长足发展，名店复兴。改革开放时期，贵州菜逐渐从民间走向市场，在保留民族特色的基础上，融合各大菜系菜肴风格。与贵州菜相关的书刊出版，赛事兴起，名菜小吃认定，并引起关注。

6）世纪之交跨越发展

1990 年，时任贵州省省长的王朝文同志在贵州第二届名优小吃评比大会上题词“弘扬饮食文化，振兴黔菜黔点”。贵州菜由此得到行业认可，被公认为“中国第一个官方菜系”。新世纪初，王朝文等一批热爱黔菜之士在政府指导下，建机构，揽人才，著书立说，组织活动，“黔菜”概念正式形成，黔菜出山提上议程，餐饮市场开始繁荣。以贵州省吴茂钊技能大师工作室为代表推出的黔菜全民教育研究，让贵州名菜走进千家万户。

任务2　生态绿色好原料

贵州地处我国西南云贵高原，土地肥沃，气候温和，无霜期长，极少污染，是一个特有的绿色植物王国。特别是远离都市、依山傍水的少数民族地区，是贵州菜发展得天独厚的资源。

1）主食原料

粳米、籼米、糯米、小米、苞谷（玉米）、荞麦、红薯、洋芋（土豆）及豆类等。

2）肉禽原料

猪、牛、羊、狗、兔、鸡、鸭、鹅以及禽蛋等。

3）水产原料

稻田鱼、鲤鱼、草鱼、鲫鱼、黄鳝、泥鳅、田螺、蚌、虾、河蟹、甲鱼等。

4）蔬果菌类原料

青菜、白菜、莲花白、芹菜、厚皮菜、萝卜、辣椒、西红柿、丝瓜、黄瓜、豇豆、四季豆、芋头、魔芋、梨子、冬瓜、柿子、李子、柑子、柚子、西瓜、核桃、板栗、香菇、花菇、银耳、木耳、竹笋、蕨菜、大脚菇、奶浆菌、红菌、石膏菌、松菌、刷把菌、油桃、香瓜、猕猴桃、八月瓜等。

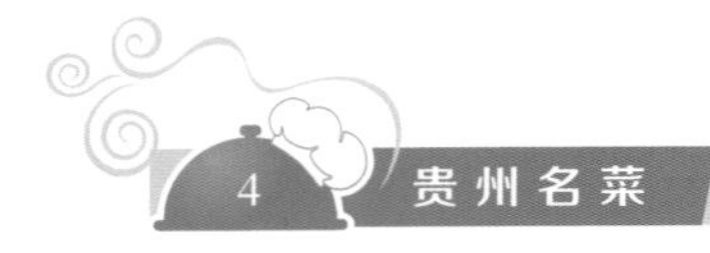

5）虫蛙原料

青蛙、黄蛙、石蚌、小蝌蚪、马蜂蛹、稻蝗虫、草蝗虫、松树虫、油茶虫、土狗崽、小米蝗虫、葛麻树虫、麻栗树虫等。

6）油脂原料

猪油、茶油、花生油、菜籽油等。

7）调味原料

生姜、葱、大蒜、花椒、辣椒、五香、橘皮、木姜子、香菜、薄荷、棰油子、荜茇、鱼柳、花椒、苦蒜、折耳根等，以及经过加工的酸汤、土醋、酸辣椒、米酒、豆豉，购买的油盐酱醋等。

8）独特原料

折耳根、苦蒜、桄菜、鱼香菜、木姜子、蕨菜、阳藿、莴笋皮、牛羊瘪、寡蛋、干豆豉、水豆豉、豆豉粑、油豆豉、豆腐乳、豆腐锅巴、脚板皮、油渣、脆哨、软哨、干洋芋片、盐酸菜、镇远陈年道菜、米酸、红酸汤、红油酸汤、辣酱酸、鱼虾酸、臭酸、腌汤、古夜郎枸酱等。

9）腌腊酱制品

苗族腌韭菜根、油底肉、酱肉、风肉、血豆腐、酸酢肉、腌肉、牛肉干巴、风鸡、酱风鸡腿、侗族腌鸭酱、侗族腌蛋、腌鱼、风鱼、酸酢鱼等。

10）辣椒调味品

煳辣椒面、糟辣椒、泡辣椒、腌椒、酸酢椒渣、糍粑辣椒、红油、油辣椒、烧青椒、香辣脆、阴辣角、面辣子等。

11）辣椒蘸水

常用辣椒蘸水有素辣椒蘸水、糟辣椒蘸水、绥阳辣椒酱蘸水、油辣椒蘸水、水豆豉蘸水、烧青椒蘸水。著名的辣椒蘸水有花江狗肉蘸水、酸汤鱼蘸水、蹄髈火锅蘸水、恋爱豆腐果蘸水、金钩挂玉牌蘸水等。

任务3　酸辣香鲜民族风

贵州风味菜酸辣香鲜，古朴醇厚，风味独特。

1）辣是贵州名菜的灵魂

贵州家常菜几乎无菜不辣，仅用辣椒制作的调味就有几十种。最具特色的有糍粑辣椒、糟辣椒、煳辣椒面、泡辣椒、酸椒酱、红油辣椒、复合辣椒、阴辣椒、辣椒酱、烧青椒酱、豆豉辣椒等。可以用一种或多种辣椒烹调出干辣、油辣、糟辣、酸辣、青辣、麻

辣、蒜辣、酱辣、复合辣等独具风味的系列辣味。贵州辣味，已形成红而不辣、辣而不猛的辣香风格。

2）酸是贵州名菜的特色

“三天不吃酸，走路打蹿蹿。”苗族、侗族、布依族、仡佬族、水族等民族，基本上家家有酸汤缸，户户有腌菜坛，几乎天天用酸汤烹饪菜肴。丰富多彩的泡酸萝卜、酸豇豆、腌酸盐菜、酸蕨菜、酸韭菜根、酸鸡、酸鸭、酸肉以及既辣又酸的盐酸菜、酸辣椒等贵州酸食，酸得适口，酸出特色。

3）蘸水是贵州名菜一绝

堪称贵州名菜一绝的辣椒蘸水，品种极多。不同的菜肴要求配不同的蘸水，同一菜肴用不同风格的蘸水，如金钩挂玉牌常用油辣椒蘸水、煳辣椒蘸水、烧椒毛辣椒蘸水、糟辣椒蘸水 4 个蘸水。

4）一锅香是贵州名菜的典型形式

偏远的贵州山区还保存着原始风味的一锅香，即将各种蒸、炒、烧、炖、煮菜加工好后，依顺序全部倒在一个铁锅内上火继续烹煮，人们围炉而坐，将蘸水碗置于锅边蘸食。

由于民族文化交融，多民族聚居的贵州人民创造了独具特色的饮食文化。大多数民族用鱼、牛肉、狗肉、山蔬创造了许多佳肴，构成了千滋百味的贵州风味菜。贵州人喜食辣椒，利用自然发酵酸烹饪的菜肴，具有一辣二酸的民族风味特色，可谓“辣出品位，酸出特色”。

任务4　民族风味显特色

贵州风味菜，指聚居在贵州的布依族、水族、仡佬族、苗族、侗族、彝族等民族菜肴。

1）仡佬族菜

与贵州各族人民共居相处，交往密切的仡佬族，虽然除民族习俗外，其民族语言基本消失，但饮食对贵州菜的影响和作用极大。居于溪沟河岸的仡佬族一般以大米、苞谷混食，并兼以豆薯杂粮。喜食香油茶、苞谷花，尤喜食辣味食品、豆腐、糯食和甜酒（醪糟）、火酒（烧酒）。代表菜有道真香油茶、务川荞灰豆腐果、仡佬族灰团粑。

2）布依族菜

布依族主要聚居于黔南布依族苗族自治州、黔西南布依族苗族自治州、安顺市镇宁、紫云和贵阳花溪、青岩、开阳一带。由于聚居在河流交叉蜿蜒的群山丘陵之间，富饶美丽的河谷坝子土地肥沃，适于栽培农作物，因此，布依族菜肴非常丰富，盐酸菜系列、花江狗肉、排骨粽粑、阴辣椒、豆腐圆牛肉火锅、血豆腐、狗灌肠、油炸花豆腐等均随布依族的发展而发展。

3）水族菜

水族人民主要居住于全国唯一的水族自治县——黔南布依族苗族自治州三都水族自治县以及附近的都匀、独山、丹寨、荔波、榕江等地。三都水族自治县地处云贵高原苗岭山脉以南的都柳江和龙头江上游，这里山岭纵横、溪流交错，中间夹着若干起伏的丘陵，也有若干平坝，自然环境非常优美，被誉为“凤凰羽毛一样的地方”。土地肥沃、资源丰富、气候温和、雨量充沛，农作物一年可二熟至三熟，山珍极多，为水族菜奠定了物质基础。水族具有悠久的历史和灿烂的文化，饮食以糯米为贵，宴席上以鸡、鸭、猪头为尊。特别喜食鱼，除常在江河溪涧中捕鱼外，很多农家房前屋后均掘有鱼塘，并在田间养鱼。水族人民热情好客，不管近亲还是远朋，不论相知还是陌生，均热情款待，且有家族或全寨轮流坐庄宴请的转转席。辞别时，还要以猪头、猪腿、鸡、鸭腿、糯米饭、糍粑、粽粑等作为礼品奉送。

4）苗族菜

苗族是一个历史悠久、人口众多、迁徙频繁、支系繁多、分布广阔、文化古朴的民族，现主要分布在贵州、湖南、重庆、四川、云南、广西、海南等地，还散布在东南亚、欧洲、美洲、大洋洲等地。苗族的吃“姊妹饭”、杀鱼节、苗年、七月半、清明歌会等饮食习俗文化反映了苗族文化的丰富多彩，以及对整个贵州菜的影响和作用。苗族酸汤鱼早就代表贵州菜被人们接受和喜爱。苗族的腌鱼、腌肉、连心鱼、鱼冻、血灌肠、腌菜、瘪汤等代表菜及家常菜系列一直引领着贵州菜走向市场。

5）侗族菜

侗族是一个古老的民族，古代称为“千越”，主要分布在黔湘鄂桂毗邻的地区。贵州侗族人口约160万，约占全国侗族人口的55%。在历史长河中，侗族人民为了生存和发展，依山傍水建造了山寨、鼓楼和风雨桥。他们以族姓聚寨而居，他们的历史和文化，由歌声和饮食世代相传。“饭养人，歌养心”“侗不离鱼”“侗不离酸”，侗族饮食文化和鼓楼、花桥、侗族大歌一样，是侗族古老文明中的又一颗璀璨明珠。侗族腌鱼、牛瘪肉、血红、白蘸肉、侗果、油茶、腌蛋以及美味可口、诱人的酸肉、酸鱼、酸鸭、酸萝卜、酸韭菜、酸豇豆等20余种腌酸系列食品，反映了贵州菜的精细、豪放、独特。贵州侗族以往的饮食习俗是一日四餐，即早茶、早餐、中餐和晚餐。平时生活较为简单，但节日喜庆或有客来访时较为隆重，还有相应的以饮食方式和食物种类体现的礼仪习俗，如“正月半”吃大年三十晚留下的菜肴，“四月八”吃乌米饭和猪肉，“牯藏节”吃牛肉，“秋收节”吃烤鱼等。

6）彝族菜

贵州彝族主要居住在与川、滇接壤的乌蒙山麓的毕节市威宁彝族回族苗族自治县以及大方、六盘水等地。相传明洪武时期，水西女土司奢香，袭其夫蔼翠贵州宣慰使职。奢香是一位深明大义的彝族英雄，洪武十七年（公元1384年）赴京入朝，明太祖朱元璋亲自接见她，封她为“顺德夫人”，认作义女。据载，奢香夫人想把乌撒（彝语“威宁”之意，现为县名）特产苦荞麦粉做成寿糕，上贡给朱元璋祝寿，连续做了七七四十九天都没成功。

她的厨师丁成文参与研究，从实践中找到制作关键，制成九斤九两重的荞酥。荞酥中间有个“寿”字，周围有九条龙，喻义“九龙捧寿”。明太祖尝后，称赞其为“南方贵物”。彝族地区至今仍将荞饭羊肉、麦饭鸡肉、米饭猪肉分别作为高山、沟坝地区最具代表性的配餐形式。彝族的荞、麦、苞谷、坨坨肉、烧烤肉、肉汤锅、酸菜干鱼汤、干煸猪肺、冻（腌、腊、阴干）肉、猪血炒豆腐、干拌水拌菜、酥点、火腿、炒米茶等仍是贵州菜的重要组成部分。

项目2 爽口冷菜贵州风

教学名称：爽口冷菜贵州风
教学内容：贵州冷菜制作
教学要求：①了解贵州冷菜品种。
②赏析贵州冷菜特色。
③学习和试做贵州冷菜。
④举一反三应用贵州冷菜。
课后拓展：课后撰写一篇贵州冷菜的学习心得，并通过网络、图书等多种渠道查阅贵州冷菜品种及应用方面的知识，并分类归纳。

贵州风，十里不同风，一山分四季。

贵州风，如同贵州人，亦同贵州菜，冷菜尤为如此，各地差异极大，靠川偏川不是川，临湘近湘不是湘，滇桂边上不滇桂。植根于民族间的美味，受外来人员和外来文化的熏陶，只有创新和变革，没有被同化。

贵州冷菜，形成了自己独特的风味，嗜辣爱辣善烹辣，辣出风味，辣出性格，蘸水为王。

模块1　初学易做凉拌菜

任务1　酸菜折耳根

1）菜品赏析

折耳根，学名蕺菜，又名鱼腥草、野花麦、臭菜、热草。折耳根具有很高的营养价值和浓郁的地方特色。折耳根，贵州善用其根部，四川、重庆善用其叶。酸菜折耳根以主料和辅料同时体现在冷菜名称里来命名，采用凉拌的烹调方法制作，香辣味，煳辣味型，色泽鲜艳，酸香煳辣，口味独特。

2）菜肴原料

酸菜100克，折耳根150克，煳辣椒面20克，姜米8克，蒜米15克，葱花10克，盐2克，白糖2克，味精1克，花椒粉2克，酱油8克，陈醋3克，芝麻油1克。

3）工艺流程

①折耳根去老根、去须毛，分成3厘米左右的段，放入盛器内加盐水浸泡片刻。酸菜洗净，挤干水分，切成小段。

②将盐水泡好的折耳根滗去水分，放入盛器内加酸菜段、煳辣椒面、姜米、蒜米、盐、白糖、味精、花椒粉、酱油、陈醋、芝麻油搅拌均匀，装盘撒上葱花即成。

4）制作关键

最好去须并分段，以便除去嚼不动的老根。

5）类似品种

苦蒜拌折耳根、折耳根拌猪耳。

6）营养分析

能量72.8千卡，蛋白质4.3克，脂肪0.2克，碳水化合物31.2克。

任务2 水豆豉蕨菜

1）菜品赏析

明清时期，蕨菜曾被列为贡品，每年选择“茎色青紫，肥润”的蕨菜，晒后，贡奉朝廷。凉拌蕨菜佐酒下饭皆宜，为农家特色菜肴。水豆豉蕨菜以主料和辅料同时体现在冷菜名称里来命名，采用煮、拌的方法制作，豉香味型，酸辣爽口，脆嫩豉香。

2）菜肴原料

鲜蕨菜300克，水豆豉50克，煳辣椒面25克，盐2克，味精1克，白糖2克，酱油8克，陈醋12克，姜米5克，蒜米10克，香葱10克，香菜节20克，香油2克。

3）工艺流程

①将鲜蕨菜放入沸水锅中煮一下捞出，在清水中浸泡4～6小时，其间换水2～3次，去其苦涩味，撕破、改刀成5厘米长的节。香葱洗净，切成3厘米左右的节。

②取一个纳盆，放入蕨菜节，加煳辣椒面、盐、味精、白糖、酱油、陈醋、姜米、蒜米、香菜节拌匀，淋入香油再次搅拌均匀，装入盘内，放入香葱节，浇上水豆豉即成。

4）制作关键

鲜蕨菜用沸水煮熟，用冷水浸泡去除涩味。

5）类似品种

大葱水豆豉、水豆豉拌茼蒿、水豆豉拌鲜笋。

6）营养分析

能量273千卡，蛋白质11.35克，脂肪10.35克，碳水化合物30.6克。

任务3　西柿酱卷皮

1）菜品赏析

卷皮又称剪粉、卷粉、米皮，是遍及贵州各地的地方风味特色食品。将大米加工成粉皮，卷成长条，切成5厘米左右的卷子，把卷子撕开成长片，拌调料或烹制食用。在制作过程中，将辅料加工成调料。西柿酱卷皮以主料和辅料同时体现在冷菜名称里来命名，采用凉拌烹调方法制作，复合酸辣味型，色佳味美，入味清凉，滑爽可口。

2）菜肴原料

卷皮300克，西红柿50克，油酥红皮花生米20克，小尖椒10克，葱花3克，蒜米5克，盐3克，味精1克，白糖2克。

3）工艺流程

①西红柿、小尖椒分别洗净，剁成蓉。卷皮切成宽条，撕开放入盘中待用。

②炒锅置中火上，放入少许食用油烧热，下入西红柿蓉、小尖椒蓉、蒜米炒出香味，放入盐、味精、白糖略炒入味，起锅倒入盛器内冷却，淋入盘中的卷皮上，撒上油酥红皮花生米、葱花即成。

4）制作关键

①制作西红柿酱时，用小火慢慢炒至出味。

②浇淋酱汁时，油脂稍多，使成菜滋润柔爽。

5）类似品种

西红柿酱拌米豆腐、西红柿酱拌豌豆粉。

6）营养分析

能量533.4千卡，蛋白质15.5克，脂肪21.92克，碳水化合物73.26克。

任务4　菜汁米豆腐

1）菜品赏析

米豆腐，又名米凉粉，是用大米磨浆烧沸、加生石灰水点制而成的呈豆腐状的食品。菜汁米豆腐是贵阳南郊青岩的一款风味小吃。制作米豆腐时，用绿色蔬菜汁代替水磨浆制作。菜汁米豆腐以主料和辅料同时体现在冷菜名称里来命名，采用凉拌的烹调方法制作，红油味型，色佳味美，酸辣爽口。

2）菜肴原料

大米100克，黄豆5克，石灰水2克，菠菜汁400克，绿豆芽15克，姜米3克，葱花3克，油酥花生米5克，油酥黄豆3克，酸萝卜粒3克，黑大头菜粒2克，盐5克，酱油5克，蒜泥5克，双花醋5克，味精2克，红油10克，香油2克。

3）工艺流程

①将大米、黄豆淘洗干净，夏、秋浸泡4小时，冬、春浸泡6小时，加菠菜汁用石磨磨成浆，下锅烧沸，冷却到约50 ℃时，用生石灰浸泡的石灰水点制，搅拌均匀后装入盆内，完全晾透即成菜汁米豆腐。

②食用时，将菜汁米豆腐切成长6厘米、宽和高各1厘米见方的长条，装入垫有氽过水的绿豆芽盘中，撒上姜米、蒜泥、葱花、油酥花生米、油酥黄豆、酸萝卜粒、黑大头菜粒、盐、味精，淋酱油、双花醋、红油、香油，拌匀即可。

4）制作关键

主料一定要浸泡足够时间，制作成品要控制好火候。

5）类似品种

菜汁米皮、菜汁面条。

6）营养分析

能量476千卡，蛋白质20克，脂肪2.8克，碳水化合物96克。

任务5　酸汤米豆腐

1）菜品赏析

贵州著名的特色食品米豆腐，既可当作小吃，也可作为佐酒菜，最常见的制作方法是凉拌。凯里地区常常将米豆腐用白酸汤调制成冷凉酸汤菜。这是米豆腐的另类食法，既是餐前开胃菜，又是酒后解酒佳肴。酸汤米豆腐以地方制作的酸汤与主料同时体现在冷菜里来命名，采用浸泡的烹调方法制作，酸辣味型，价廉物美，开胃解渴，清热消暑，爽口清凉，是夏秋季节一道解暑佳肴。

2）菜肴原料

米豆腐350克，白酸汤（清米酸汤）500克，折耳根5克，酸萝卜5克，腊柳1克，姜米1克，蒜米3克，葱花2克，木姜子花或木姜子果1克，煳辣椒面8克，盐2克。

3）工艺流程

①将米豆腐改刀切成条或骨牌片，放入大汤碗里。

②将白酸汤与折耳根、酸萝卜、腊柳、姜米、蒜米、葱花、木姜子花（或木姜子果）、煳辣椒面、盐调匀，倒入大汤碗即可上桌。

4）制作关键

①在制作调味时，要注意按适当比例投放，味汁不宜过多。

②注重形状美观。

5）类似品种

酸汤嫩笋、酸汤蕨根粉。

6）营养分析

能量1 068千卡，蛋白质85.3克，脂肪17.1克，碳水化合物141.05克。

任务6 凉拌莴笋干

1）菜品赏析

选用新鲜莴笋削去外皮、硬筋、叶丛和根须，洗净后放在盐水中浸泡3～4小时，待笋根变软后捞出、控水，摊放在竹帘或筲箕上，置于通风处晾晒干，食用前，用清水泡胀。凉拌莴笋干以主料体现在冷菜名称里来命名，采用凉拌的烹调方法制作，红油味型，质地爽口，咸鲜微辣，简单易做。

2）菜肴原料

莴笋干150克，小尖红椒15克，蒜米8克，白糖2克，白酱油5克，香油2克，红油10克。

3）工艺流程

①将莴笋干用清水浸泡回软，淘洗干净，挤干水分待用。将小尖红椒洗净切成颗粒状。

②取一个盛器，放入莴笋干、小尖红椒颗粒、蒜米、白糖、白酱油、香油、红油搅拌均匀，装盘成菜。

4）制作关键

莴笋干用清水发至微软即可，发的时间不能过长。

5）类似品种

炝拌莴笋干、糟辣拌莴笋干。

6）营养分析

能量27千卡，蛋白质2.12克，脂肪0.21克，碳水化合物6.86克。

任务7 爽口小秋笋

1）菜品赏析

秋笋被称为菜中珍品、人类肠道清洁工、铁笤帚、肠道卫士。秋笋既可生炒，又可炖汤，鲜美爽脆。食用时，最好先用清水煮滚，再放到冷水中浸泡半天以上，去掉苦涩味，凉拌成菜。爽口小秋笋以主料体现在冷菜名称里来命名，采用浸泡和凉拌的烹调方法制作，糟辣味型，色泽亮黄，鲜嫩脆爽，冰凉酸甜，味美可口。

2）菜肴原料

鲜秋笋500克，糟辣椒汁1 000克，清水300克，盐20克，冰糖（或白糖）100克，红醋30克。

3）工艺流程

①将新鲜秋笋去壳洗净，在沸水中煮熟、煮透，用清水浸泡1天，其间换水3 ~ 5次。

②取嫩段切成5厘米长的节，浸泡在用糟辣椒汁、清水、盐、冰糖（或白糖）、红醋制成的汁中（可重复使用）浸泡1天，取出装盘，放入冰箱冷冻10分钟即可。

4）制作关键

主料含有草酸，容易和钙结合成草酸钙。食用前，可用淡盐水煮5 ~ 10分钟，再用清水浸泡去除大部分草酸和涩味。

5）类似品种

凉拌笋丝、红油笋丝、肚条秋笋。

6）营养分析

能量810千卡，蛋白质27克，脂肪6克，碳水化合物226.3克。

任务8 雪菜拌毛豆

1）菜品赏析

雪菜可做热炒小菜或加工成拌面汤面。雪菜拌毛豆这道经典的素菜极为可口。雪菜拌毛豆以主料和辅料同时体现在冷菜名称里来命名，采用凉拌的烹调方法制作，咸鲜带辣味型，香辣可口、鲜嫩。

2）菜肴原料

雪菜 100 克，毛豆 200 克，小尖青椒 20 克，小尖红椒 20 克，姜蓉 4 克，蒜蓉 5 克，盐 2 克，味精 1 克，鸡精 1 克，白酱油 4 克，香油 2 克。

3）工艺流程

①将毛豆放入沸水中加盐煮熟，捞出转入冷水中浸泡。分别将小尖青椒和小尖红椒洗净切成颗粒状。

②取一个大碗，将切好的小尖青椒和小尖红椒放入碗内加盐搅拌入味，并与煮熟的毛豆、雪菜拌匀，加入姜蓉、蒜蓉、盐、味精、鸡精、白酱油搅拌，淋入香油拌匀，装入盘内即成。

4）制作关键

①毛豆要选用新鲜、质嫩、色绿的。

②毛豆焯水采用旺火沸水，以断生为佳。

5）类似品种

老干妈盐菜拌毛豆、鲜笋丁拌毛豆。

6）营养分析

能量 275.4 千卡，蛋白质 29.2 克，脂肪 10.5 克，碳水化合物 30.3 克。

任务9　黔珍黑木耳

1）菜品赏析

黔珍黑木耳是一道以木耳为主要食材，以黄瓜、洋葱、山椒作为辅料凉拌而成的家常菜，成菜多彩，清脆可口，具有养颜、纤体、抗癌的功效。黔珍黑木耳在各种餐饮场合都非常受欢迎，是一款美味的原生态特色菜肴。黔珍黑木耳以主料体现在冷菜名里来命名，采用泡和拌的烹调方法制作，酸辣味型，酸辣脆嫩，清香爽口。

2）菜肴原料

水发黑木耳 150 克，黄瓜片 30 克，洋葱片 30 克，山椒 15 克，山椒水 300 克，盐 8 克，味精 2 克，陈醋 20 克，香油 3 克。

3）工艺流程

①将水发黑木耳、黄瓜片、洋葱片冲洗、浸泡，取出后，放入山椒、山椒水、盐、味精调好的卤汁中，浸泡 3 小时以上。

②取出留少许汤，加入陈醋、香油拌匀装盘即可。

4）制作关键

选用无沙质的干黑木耳放入温水中充分浸泡，洗净，焯熟，过凉水，控水。

5）类似品种

尖椒拌木耳、冰镇木耳。

6）营养分析

能量 120.3 千卡，蛋白质 4.92 克，脂肪 1.29 克，碳水化合物 26.46 克。

任务10 葱花苞豆腐

1）菜品赏析

葱花苞如同韭菜花，香味比香葱更浓郁，与煸香的干辣椒节炝拌豆腐，香浓味郁，口感细腻。葱花苞豆腐以主料和辅料同时体现在冷菜名里命名，采用炝和拌的烹调方法制作，煳辣味型，味鲜适口，香味浓郁。

2）菜肴原料

豆腐200克，葱花苞50克，干辣椒节10克，盐15克，味精5克。

3）工艺流程

①豆腐切成丁，葱花苞切成节，用热油在文火上慢慢煸脆干辣椒节至出香，连油一道装碗晾冷。

②将豆腐丁、葱花苞放入盆内，调入盐、味精、煸香的干辣椒节和辣椒油，拌匀装盘。

4）制作关键

①选择未开花的葱花苞，葱香浓郁，茎不老。

②干辣椒慢火煸脆，别有一番风味。

5）类似品种

韭菜花拌豆干、小葱拌豆腐。

6）营养分析

能量206.4千卡，蛋白质18.5克，脂肪8.8克，碳水化合物16.1克。

模块2 烧椒擂椒凉拌菜

任务11 烧椒拌茄子

1）菜品赏析

在贵州，烧椒拌茄子家家会做，人人爱吃。烧椒是将新鲜辣椒用明火烧煳，撕去外皮，与用同样方法烧制的茄子同拌。烧椒拌茄子以主料和辅料同时体现在冷菜名称里来命名，采用烧和拌的烹调方法制作，清辣味型，酸辣浓郁，蒜味香醇。

2）菜肴原料

大青椒200克，茄子250克，西红柿100克，姜米8克，蒜米15克，葱花10克，盐1.5克，白糖2克，味精1克，花椒粉2克，陈醋5克，芝麻油2克。

3）工艺流程

①将大青椒与茄子、西红柿分别放到炭火或其他火源上烤至表面焦黑熟软，取出分别撕去表皮。

②将烤好的大青椒等随意撕成条混合放入盆内，加姜米、蒜米、葱花、盐、白糖、味精、花椒粉、陈醋、芝麻油拌匀，装盘撒上葱花即成。

4）制作关键

主料和辅料一定要烤至外焦黑内熟透。

5）类似品种

红油拌茄子、素蘸茄子。

6）营养分析

能量130.5千卡，蛋白质6.5克，脂肪1.3克，碳水化合物27.35克。

任务12 烧椒拌海带

1）菜品赏析

海带，可以用拌、烧、炖、焖等烹饪方法。烧椒拌海带以主料和辅料同时体现在冷菜名称里命名，采用烧和拌的烹调方法制作，清辣味型，质地脆嫩，鲜辣爽口。

2）菜肴原料

海带 200 克，小尖椒 30 克，姜米 5 克，蒜米 10 克，葱花 3 克，香菜 5 克，盐 1.5 克，白糖 2 克，味精 1 克，花椒粉 2 克，酱油 5 克，陈醋 5 克，芝麻油 2 克。

3）工艺流程

①将海带洗净，切成一字条，放入沸水锅中氽水，捞出放入凉水中，冷却待用。

②将小尖椒放入炭火或其他火源上，烤至表面焦黑内质熟软，取出分别撕去表皮，然后随意撕成条混合放入盆内，加入滗去水分的海带条、姜米、蒜米、葱花、盐、白糖、味精、花椒粉、酱油、陈醋、芝麻油拌匀，装盘撒上香菜即成。

4）制作关键

干海带要泡透，长短要均匀。

5）类似品种

跳水海带、凉拌海带。

6）营养分析

能量 51 千卡，蛋白质 3.43 克，脂肪 0.32 克，碳水化合物 11.31 克。

任务13 侗家古烧鱼

1）菜品赏析

侗家古烧鱼是侗家人最喜欢的一道菜。烧是侗家人日常生活中常见的烹调方法。烧鱼原汁原味，可刺激食欲，增加饭量。在侗家人眼里，“食必有鱼、鱼必烧”“家有粮食千万担，不搞烧鱼不下饭”，可见烧鱼在侗家菜肴中的地位。相传，烧鱼这道菜最先是在田边吃。首先找一方平地烧一堆火，再用小木棒或竹条把刚从田里抓来的鲜活鲤鱼从鱼嘴直串至鱼肚，放在火边慢慢烧，慢慢烤，并不断翻转，烧至鱼外部酥黄、内部熟透后，拌着蔬菜、辣椒，放上盐等佐料而食。侗家古烧鱼以主料和民族传统风味菜同时体现在冷菜名称里命名，采用烧和拌的烹调方法制作，清辣味型，鱼肉香嫩，鲜蔬脆爽，辛辣拌香，十分开胃。

2）菜肴原料

鲤鱼500克，韭菜5克，广菜20克，青椒40克，蔬菜20克，食盐5克，蒜瓣5克，味精2克，鲜花椒粒2克。

3）工艺流程

①将鲤鱼宰杀刮鳞，去鳃，去内脏，洗净，在炭火上翻烤至熟待用。将广菜去皮，先撕成3厘米长的段，加盐腌渍，再用清水冲净待用。将韭菜、青椒（一部分）、蔬菜洗净，撕成段。

②将其余青椒放在炭火上或其他火源上烤至表面焦黑内质熟软，取出撕去皮。放入擂钵内，加鲜花椒粒、蒜瓣、盐捣成泥状，倒入盛器内，放广菜、韭菜、青椒、蔬菜段，再加盐、味精拌匀调味。将烤熟的鱼去骨放入盘中，将拌好的配料盖在鱼身上即成。

4）制作关键

在烤制过程中，主料和辅料一定要烤至外焦黑内熟透。

5）类似品种

擂椒鱼、韭菜辣椒鱼。

6）营养分析

能量555千卡，蛋白质88.4克，脂肪20.64克，碳水化合物4.81克。

任务14　酸笋拌牛肉

1）菜品赏析

侗家人将酸汤、鲜竹笋制成酸笋，成菜酸笋拌牛肉即为公认的营养健康菜肴。酸笋拌牛肉以主料和辅料同时体现在民族风味冷菜名称里命名，采用烧和拌的烹调方法制作，家常味型，椒香味浓，酸鲜回味，牛肉化渣。

2）菜肴原料

卤牛肉 150 克，酸笋 50 克，烧辣椒 30 克，烧西红柿 30 克，酸萝卜 20 克，盐 3 克，味精 2 克，陈醋 30 克，白糖 5 克，香油 3 克，熟芝麻 20 克，葱花 10 克。

3）工艺流程

①酸笋切片，汆水，装入盘内垫底；卤牛肉切片，放酸笋上摆成型。

②将烧辣椒、烧西红柿、切成小丁的酸萝卜，分别放入盛器内，加盐、味精、陈醋、白糖、香油调成汁，浇在牛肉上，撒上熟芝麻、葱花即可。

4）制作关键

卤牛肉厚薄要均匀，主料和辅料搭配要合理。

5）类似品种

芹菜拌牛肉、酸笋红油鸡。

6）营养分析

能量 299.2 千卡，蛋白质 26.4 克，脂肪 15.2 克，碳水化合物 14.4 克。

任务15 酸菜拌毛肚

1）菜品赏析

贵州菜的特点之一，就是在制作酸菜时，不加任何调料和添加剂，也不用密封，将青菜或白菜等新鲜蔬菜清洗干净，在沸水锅中略煮，倒入装有晾冷的清水（或米汤，或煮豆腐时剩下的“窖”水，通常情况是青菜、白菜用米汤作底汤，小萝卜茵用豆腐“窖”水泡制）的坛（或盆）中，置于通风阴凉处2～3天即可食用。泡酸菜的老汤可以连续用，越陈越香。拌制脆爽的鲜毛肚别有一番风味。酸菜拌毛肚以主料和辅料同时体现在冷菜名称里命名，采用烧、汆、拌的烹调方法制作，家常红油味型，质地脆爽，酸鲜可口。

2）菜肴原料

鲜毛肚400克，酸菜150克，甜椒30克，蒜粒25克，盐3克，味精1克，糖2克，陈醋10克，酱油5克，红油30克，花椒油2克，香油1克，香菜3克，葱花2克。

3）工艺流程

①鲜毛肚洗净，切片，汆水；甜椒烧熟，撕去皮，切成圈。

②酸菜切小节，放入盘中垫底；酸菜的上面铺上汆水的毛肚和辣椒圈。

③将盐、味精、糖、陈醋、酱油、香油、花椒油、蒜粒调制成味汁，浇在毛肚上，淋红油，撒上香菜、葱花即可，也可以拌匀装盘。

4）制作关键

毛肚汆水后，放入凉水中浸泡，并快速冲凉，使毛肚具有脆嫩的效果。

5）类似品种

蘸水毛肚、水豆豉拌毛肚、糟辣米椒拌毛肚。

6）营养分析

能量271.6千卡，蛋白质49.35克，脂肪5.2克，碳水化合物5.55克。

任务16 民族风擂椒

1）菜品赏析

民族风擂椒既可独立成菜，也可作为调料。民族风擂椒以民族风味和主料同时体现在冷菜名称里命名，采用烧和拌的烹调方法制作，清辣味型，鲜辣浓郁，复合香醇，开胃爽口。

2）菜肴原料

青美人椒200克，大葱20克，折耳根25克，蒜米10克，盐1.5克，白糖2克，味精1克，陈醋5克，芝麻油2克，花椒油2克。

3）工艺流程

①将美人椒放在炭火或其他火源上烤至表面焦黑内质熟软，取出撕去表皮，然后放入擂钵内捣成颗粒状，倒入盆内待用。

②分别将折耳根、大葱洗净切成颗粒状，放在盆内捣好的美人椒上，加蒜米、盐、白糖、味精、陈醋、芝麻油、花椒油拌匀，装入擂钵造型内，点缀即成。

4）制作关键

在烤制过程中，主料和辅料一定要烤至焦黑并熟透。

5）类似品种

擂椒鸡、擂椒鱼。

6）营养分析

能量60.4千卡，蛋白质2.47克，脂肪0.66克，碳水化合物16.58克。

任务17　苗家田鱼冻

1）菜品赏析

稻田养鱼是鱼和稻的生态共生，相互影响，相互促进，无农药，无化肥。苗家田鱼冻以主料和民族风味同时体现在冷菜名称里命名，采用熬冻、烧和拌的烹调方法制作，清辣味型，口感独特，酸辣爽口。

2）菜肴原料

稻田鲤鱼1条（约750克），鱼鳞500克，白酸汤200克，青花椒籽3克，青椒200克，苦蒜20克，折耳根25克，蒜米10克，盐1.5克，白糖2克，味精1克，芝麻油2克，姜片3克，青花椒油2克，木姜子油1克，香菜3克。

3）工艺流程

①将鱼鳞清洗干净，放入汤锅中，注入白酸汤、少许清水，加姜片、青花椒籽煮至汤汁稠浓时，出锅用漏勺滤出渣料，留浓汤待用。将鱼宰杀刮鳞，去鳃、去内脏洗净，去全鱼头，将鱼尾对半剖开，放入汤锅内煮熟，倒入盆中冷冻凝固，装入盘中待用。

②将青椒放入炭火或其他火源上烤至表面焦黑内质熟软，取出撕去表皮，然后放入擂钵内捣成颗粒状，倒入盆内待用。分别将折耳根、苦蒜洗净切成颗粒状，放入盆内捣好的美人青椒上，加蒜米、盐、白糖、味精、白酸汤、芝麻油、青花椒油、木姜子油拌匀，装入擂钵造型内，点缀在盘中鱼冻的边上，撒上香菜即成。

4）制作关键

在制作鱼冻时，要注意将鱼刺去净，调味要掌握好。

5）类似品种

风味鸭皮冻、红油猪皮冻。

6）营养分析

能量1 227.6千卡，蛋白质166.6克，脂肪34.5克，碳水化合物67克。

任务18 擂椒风味鸡

1）菜品赏析

擂椒风味鸡是一款风味独特的冷菜。将鸡肉煮熟，切成长条，用擂椒调拌成菜。擂椒风味鸡是一款清香、略辣、适口的美味菜肴。擂椒风味鸡以主料和辅料同时体现在冷菜名称里命名，采用烧、煮和浇淋的烹调方法制作，家常清辣味型，味浓味厚，辅以调料，汤汁红亮，质地鲜嫩，香浓味厚。

2）菜肴原料

放养土仔鸡半只（约800克），美人椒100克，蒜泥15克，葱结10克，葱花3克，糯米酒10克，老姜10克，白芝麻5克，盐25克，味精3克，白糖3克，酱油10克，陈醋5克，红油25克，香油2克，花椒油5克。

3）工艺流程

①鸡宰杀治净，放入汤锅，注入清水淹没鸡身，大火烧沸，放入葱结，老姜（拍破），和糯米酒，撇去浮沫，转小火焖煮5分钟；加入适量盐，汤锅离火，盖上锅盖，静置片刻；待锅内汤凉，捞出鸡，砍成条，整齐码放在凹盘内待用。

②美人椒放入炭火或其他火源上烤至表面焦黑内质熟软，取出撕去表皮，然后放擂钵内捣成泥状；倒入盆内加少许鸡汤、蒜泥、盐、白糖、味精、酱油、陈醋、香油、花椒油、红油、白芝麻拌匀，淋在盘内的鸡肉上，撒上葱花即成。

4）制作关键

主料一定要熟透，装盘时要整齐规范并掌握好调味。

5）类似品种

擂椒风味鱼、擂椒黄腊丁、红油白煮鸡。

6）营养分析

能量1 358千卡，蛋白质155.2克，脂肪75.5克，碳水化合物15.6克。

任务19 擂椒拌凤爪

1）菜品赏析

擂椒拌凤爪由苗族擂椒鱼的制作方法演变而来，擂椒的清香微辣与嫩脆的凤爪融合，口味清新。擂椒拌凤爪以主料和辅料同时体现在冷菜名称里命名，采用煮和拌的烹调方法制作，清辣味型，质地鲜嫩，鲜辣浓郁，出骨脆嫩，口味新颖，回味悠长。

2）菜肴原料

鸡爪400克，皱皮长青椒250克，鲜青花椒25克，木姜子花5克，姜片10克，大蒜10克，葱结10克，盐5克，料酒10克。

3）工艺流程

①鸡爪洗净，一剖为二，放入沸水锅内加料酒氽水，捞出冲净，再次放入沸水锅内加姜片、葱结煮熟，离火焖至水温凉后，捞出装入盛器内待用。

②选用柴火灰或明火烧熟的皱皮长青椒，取出撕去表皮，放入擂钵内，加大蒜、鲜青花椒、木姜子花捣成泥状，倒入盛器内，与鸡爪拌匀，腌制10分钟，装盘点缀而成。

4）制作关键

主料粗加工处理干净，无异味，刚熟务必离火焖至水凉为佳。

5）类似品种

红油拌凤爪、藤椒风味凤爪。

6）营养分析

能量1 150千卡，蛋白质99.3克，脂肪68.6克，碳水化合物40.4克。

任务20　苗家鼓藏肉

1）菜品赏析

在黔东南各大苗寨，每13年举行一次鼓藏节中少不了的一道特色美食，就是苗家鼓藏肉。苗家人将“圣猪”视为装满了财富的仓库，中心部位的胸脯是仓库门，猪胸肉称为“仓门肉”。“仓门肉”最为神圣，主人用白水将肥硕的“仓门肉”煮过后，切成大块，分发给就餐的每一个人，称为吃“鼓藏肉”。苗家鼓藏肉以主料和民族风味同时体现在冷菜名称里命名，采用烧、煮和浇淋的烹调方法制作，煳辣味型，肉质熟软，回味无穷。

2）菜肴原料

带皮五花肉450克，折耳根20克，蕨菜20克，水豆豉20克，蒜泥10克，葱花5克，香菜5克，熟白芝麻3克，煳辣椒面25克，花椒面2克，复制酱油50克，鲜汤25克，辣椒油30克。

3）工艺流程

①将带皮五花肉刮洗干净后，放入汤锅内煮至熟透（即将肉切开不见血水）时捞出，再用原汤浸泡至温热（约20分钟即可）；将蕨菜洗净切成小段，放入沸水锅中焯水，捞出沥干水分待用；将折耳根洗净切成小段；将香菜洗净切成小段。

②捞出浸泡的肉，揾干水分，切成大小一致的小块状；将切好的肉块逐个放入盘中待用。

③取一个大碗，加入蒜泥、蕨菜段、折耳根段、香菜段、水豆豉、煳辣椒面、花椒面、复制酱油、鲜汤、辣椒油调成味汁，淋在盘内的白肉块上，撒上葱花、熟白芝麻即成。

4）制作关键

主料以煮至刚熟、不见血红为佳。成品块状大小要一致，掌握好调味。

5）类似品种

怪噜白坨肉、红油白肉卷。

6）营养分析

能量1 599千卡，蛋白质64.56克，脂肪141.44克，碳水化合物17.04克。

模块3 辣椒蘸水风味菜

任务21 蘸水折耳根

1）菜品赏析

蘸水折耳根是安顺旧州、屯堡一带的传统特色菜，也是历来家宴中不可或缺的佳肴。蘸水折耳根以主料和辅料同时体现在冷菜中来命名，采用蒸、蘸的烹调方法制作，家常味型，色彩艳丽，香味扑鼻，家常味浓，爽口清香。

2）菜肴原料

折耳根250克，霉豆腐50克，熟猪肉末30克，猪油10克，煳辣椒面30克，姜米3克，蒜米5克，葱花5克。

3）工艺流程

①将根叶混合的折耳根清洗干净，掐成节装盘。

②将霉豆腐、熟猪肉末、猪油混合，上笼蒸10分钟，使之熟透，加煳辣椒面、姜米、蒜米调匀，撒葱花，作为蘸水。蘸水与折耳根同时上桌，食客自行蘸食。

4）制作关键

霉豆腐、熟猪肉末、猪油混合蒸透，让味道浸润融合。

5）类似品种

马料豆、蘸水阳藿、蘸水小鱼干。

6）营养分析

能量301.5千卡，蛋白质16.76克，脂肪16.43克，碳水化合物51.38克。

任务22　辣酱蘸魔芋

1）菜品赏析

辣酱是用小米辣，加蒜瓣、子姜、鲜茴香用石磨磨制，调入白酒和盐，放入土坛腌制而成的一种调味料。辣酱可以拌菜、炒菜、做汤以及做菜肴的蘸水。辣酱蘸魔芋以主料和辅料同时体现在冷菜名称里来命名，采用氽和蘸的烹调方法制作，酸辣味型，脆嫩爽口，香辣味浓，佐酒佐饭。

2）菜肴原料

魔芋豆腐 300 克，辣椒酱 50 克，盐 20 克，葱花 5 克。

3）工艺流程

将新鲜魔芋豆腐切成厚片，调盐焯水，冲凉，装盘；淋入辣椒酱，撒上葱花即成。

4）制作关键

①辣椒酱腌制半个月左右即可食用，保存得当，越陈越香。

②魔芋豆腐焯水要到位，以去掉重碱味为佳，但又要保持魔芋豆腐的脆嫩。

5）类似品种

煳辣椒蘸魔芋、糟辣椒蘸魔芋。

6）营养分析

能量 78 千卡，蛋白质 0.58 克，脂肪 1.4 克，碳水化合物 11.5 克。

任务23 蘸水蕨菜结

1）菜品赏析

鲜蕨菜清甜爽脆、口感鲜美，是苗侗人民喜食的菜品之一。将鲜蕨菜下入沸水焯水，用山泉水浸凉，用煳辣椒蘸水蘸食。蘸水蕨菜结是招待外来宾客的地方特色菜，以主料和辅料同时体现在冷菜名称里来命名，采用煮和蘸的烹调方法制作，煳辣味型，色泽碧绿，质地脆嫩，蘸水爽口。

2）菜肴原料

鲜蕨菜500克，折耳根30克，香菜根部30克，蒜米10克，葱花5克，煳辣椒面25克，盐3克，味精2克，花椒粉1克，酱油15克，香醋10克，矿泉水50毫升。

3）工艺流程

①将鲜蕨菜清洗干净，放入沸水中焯水，捞出后，用适量矿泉水浸泡，沥干水分，每根打成结，整齐摆放在盘内。将折耳根、香菜根洗净，切成碎粒。

②取一个小碗，放入煳辣椒面、蒜米、酱油、香醋、折耳根粒、香菜粒、盐、味精、葱花、花椒粉、矿泉水做成辣椒蘸碟，同蕨菜装盘蘸食。

4）制作关键

将未经施肥和喷洒农药的鲜蕨菜放在清水中浸泡4 ~ 6小时，其间换水2 ~ 3次去除苦涩味。

5）类似品种

水豆豉拌蕨菜、酸汤蕨菜。

6）营养分析

能量244.5千卡，蛋白质9.6克，脂肪2.1克，碳水化合物55.5克。

任务24 蘸水鲜毛肚

1）菜品赏析

毛肚多用于火锅涮食。鲜毛肚烫熟，冰镇，用蘸水蘸食的冷菜，摆盘美观，口感脆爽，味道香辣，风味独特，在各类酒宴餐桌上备受欢迎。蘸水鲜毛肚以主料和辅料同时体现在冷菜名称里来命名，采用汆和蘸的烹调方法制作，红油味型，造型美观，质地脆爽，蘸汁香辣，风味独特。

2）菜肴原料

鲜毛肚400克，生菜25克，小尖青椒10克，小尖红椒10克，姜蓉4克，蒜蓉5克，熟白芝麻2克，盐2克，味精1克，鸡精1克，白糖1克，酱油4克，陈醋5克，鲜汤50克，红油50克，花椒油2克，香油3克，葱花5克。

3）工艺流程

①鲜毛肚洗净，切片成条，汆水，放入凉水浸泡待用。小尖红椒、小尖青椒分别洗净，切成颗粒状。

②生菜洗净，放入盘中垫底，铺上汆水的毛肚。

③取一个小碗放入小尖椒颗粒、蒜蓉、姜蓉、盐、味精、白糖、陈醋、酱油、鲜汤、香油、红油、花椒油调制成味汁，撒上熟白芝麻、葱花，与毛肚搭配即成。

4）制作关键

毛肚汆水后，放入凉水中浸泡，快速冲凉，使毛肚具有脆嫩的效果。

5）类似品种

酸菜拌毛肚、水豆豉拌毛肚、椒麻毛肚。

6）营养分析

能量255.5千卡，蛋白质73.79克，脂肪5.37克，碳水化合物2.57克。

任务25 黄瓜蘸白肉

1）菜品赏析

红油蒜泥白肉，在不断的变化中，口味和原料的选择都有创新，如后腿二刀肉、五花肉和红白蒜泥味、新鲜小米椒的鲜椒味，烧制辣椒的烧椒味等，也时常加黄瓜一类的脆性原料辅助，蘸汁多样。黄瓜蘸白肉以主料和辅料同时体现在冷菜名称里来命名，采用煮和蘸的烹调方法制作，酸辣红油味型，色泽亮丽，质地脆嫩，蘸汁多样，鲜香微辣。

2）菜肴原料

带皮五花肉400克，黄瓜300克，生菜20克，美人椒50克，西红柿50克，蒜泥20克，盐3克，味精1克，酱油5克，鲜汤30克，陈醋10克，油辣椒20克，净辣椒油20克，芝麻油5克，熟白芝麻5克。

3）工艺流程

①将带皮五花肉刮洗干净，放入汤锅内煮至刚熟（即将肉切开不见血水）时捞出，再用原汤浸泡至温热（约20分钟即可）。分别将美人椒、西红柿洗净，放在炭火上烤至外焦煳内熟，取出剥去焦煳的皮，剁蓉待用。

②捞出浸泡的肉，搌干水分，用平刀法片成长约15厘米、宽约3厘米的大薄片（越薄越好）。将黄瓜洗净，切成与五花肉的片大小一致的片，分别放在盘中的折叠竹制餐具上，在垫好的生菜上，按照一片五花肉、一片黄瓜的顺序依次摆放好。

③取两个小碗制作蘸汁。其中一个小碗加入美人椒蓉、西红柿蓉、蒜泥、鲜汤、盐、味精、酱油、香油调成鲜酸辣味的蘸汁；另一个小碗加入盐、酱油、味精、油辣椒、净辣椒油、芝麻油、熟芝麻调成红油味的蘸汁。两碗蘸汁放在盘的另一边即成。

4）制作关键

将主料煮至刚熟，即将肉切开不见血红为佳。成品刀工精致，厚薄均匀，长短一致，调味要掌握好。

5）类似品种

蒜泥白肉、三丝白肉卷。

6）营养分析

能量1 426.5千卡，蛋白质57.93克，脂肪123.33克，碳水化合物22.27克。

任务26 蘸水猪耳卷

1）菜品赏析

蘸水猪耳卷选用大片猪耳制作，入菜多为卤制、腌制或制成风干腊制品。蘸水猪耳卷经五香卤水卤制，再裹卷而成，是一道独具特色的风味菜肴。蘸水猪耳卷以主料和辅料同时体现在冷菜名称里来命名，采用卤、蒸和蘸的烹调方法制作，香辣味型，质地脆爽，蘸汁味辣，开胃下酒。

2）菜肴原料

卤猪耳350克，小尖青椒10克，小尖红椒10克，姜蓉4克，蒜蓉5克，盐2克，味精1克，鸡精1克，白糖1克，酱油4克，陈醋5克，红油50克，花椒油2克，香油3克。

3）工艺流程

①将卤猪耳放在纱布或保鲜膜上铺平，然后裹卷起来，再放入蒸锅内蒸10分钟。取出冷却后，撕开保鲜膜，切成薄片，装入盘内摆放好，待用。

②取一个小碟放入小尖椒粒、蒜蓉、姜蓉、盐、味精、鸡精、白糖、陈醋、酱油、香油、红油、花椒油调制成味汁，放在盘内的猪耳卷中间即成。

4）制作关键

主料选用应大而薄，这样才容易裹卷。制作猪耳卷时，应裹紧、裹牢。

5）类似品种

蘸水肉卷、红油拌耳片。

6）营养分析

能量621.4千卡，蛋白质67.34克，脂肪38.92克，碳水化合物2.29克。

任务27　米香醋血鸡

1）菜品赏析

米香醋血鸡由侗族名菜血酱鸭变化而来。其制作重点在于看似果酱的侗族血酱。侗族血酱由杀鸡时接下来的鸡血制成，注意不要让鸡血凝固。把鸡血拌入油辣椒酱和香料之中，搅成酱状即成，蘸食鸡块。鸡血酱的芳香和鸡肉的肉香融合在一起，能散发出扑鼻的奇香，同时，也使鸡的质感更加爽滑。米香醋血鸡以主料和辅料同时体现在民族风味浓郁的冷菜名称里来命名，采用煮和蘸的烹调方法制作，煳辣味型，色泽洁白，质感滑嫩，肉香可口，蘸酱味美。

2）菜肴原料

土公鸡 1 只（约 1 000 克），白酒 6 克，盐 10 克，味精 3 克，煳辣椒面 30 克，香菜末 8 克，葱花 6 克，姜汁 10 克，蒜泥 15 克，酱油 10 克，醋 15 克，木姜子油 3 克。

3）工艺流程

①给土公鸡喂少许白酒至醉酒红脸时从颈部横划一刀，将血放入加了少许盐和清水的碗中，用筷子搅拌一下，晾冷结块待用。用 70 ~ 80 ℃的水烫鸡、去毛、去内脏、洗净，放入冷水锅煮开至刚熟，再浸泡 10 分钟捞出晾冷切块。

②将鸡血碗置于左手并逐渐倾斜，右手拿刀快削鸡血成薄片于另一碗中，加盐、味精、煳辣椒面、香菜末、葱花、姜汁、蒜泥、酱油、醋、木姜子拌匀成蘸水与鸡块一同上桌，也可以倒入鸡块中拌匀食用。

4）制作关键

①主料一定要熟透；装盘时，要整齐规范，掌握好蘸水调味。

②不要让血凝结，将鸡血拌入油辣椒酱和香料中，搅成酱状即成。

5）类似品种

椒麻鸡、侗家醋血鸡、烧椒拌鸡。

6）营养分析

能量 1 953 千卡，蛋白质 193 克，脂肪 94 克，碳水化合物 13 克。

任务28 蘸水鸡腿卷

1）菜品赏析

菜肴的出新，总是在厨师根据食客的要求进行的。这款搭配特色蘸水的肥美香糯鸡肉卷，就是厨师为满足食客所创新的菜肴，别有一番风味。蘸水鸡腿卷以主料和辅料同时体现在冷菜名称里来命名，采用蒸和蘸的烹调方法制作，清辣味型，质地鲜嫩，味辣爽口，江湖味道。

2）菜肴原料

鸡腿1只（约350克），小尖青椒10克，小尖红椒10克，姜片10克，姜蓉4克，蒜蓉5克，葱花5克，葱节10克，煳辣椒面15克，盐2克，白糖1克，酱油4克，陈醋5克，料酒10克，鲜汤50克，红油50克，花椒油2克，香油3克。

3）工艺流程

①将鸡腿去骨，洗净后用刀随意剞几下，放入盛器内，加盐、煳辣椒面、姜片、葱节、料酒码味20分钟待用。将小尖青椒、小尖红椒分别洗净切成颗粒状。

②将码好味的鸡腿摘去姜、葱，将鸡皮朝下用纱布或保鲜膜卷裹，放入蒸锅内蒸10分钟，取出撕开包裹的纱布或保鲜膜，将鸡腿切成薄片，装入盘内摆好待用。

③取1个小碗放入小尖椒颗粒、蒜蓉、姜蓉、盐、白糖、陈醋、酱油、香油、红油、花椒油调制成味汁，撒上葱花，放在盘内的鸡卷边上即成。

4）制作关键

①主料剔骨要治净；制作裹卷时，应裹紧、裹牢为好。

②制作蘸水要掌握好调味，避免味道过重。

5）类似品种

蛋黄鸭卷、蛋黄里脊卷。

6）营养分析

能量638.9千卡，蛋白质56.49克，脂肪45.57克，碳水化合物2.29克。

任务29　三色猪皮冻

1）菜品赏析

三色猪皮冻用募阳黑猪肉、猪皮制作，用绥阳辣椒酱调味。三色猪皮冻以主料体现在冷菜名称里来命名，采用熬冻烹调方法制作，和蘸水蘸食，酸辣味型，皮冻爽滑细腻，多无味，多色艳丽，带皮有肉，口味清新，入口即化，入喉凉爽，易消化，是美容佳品。

2）菜肴原料

猪皮500克，大料20克，盐3克，鸡蛋2个，老抽10克，料酒30克。

3）工艺流程

①将猪皮治净，放入沸水锅中加料酒煮至半成熟，捞出洗净，切成颗粒状，放入汤锅中加适量的清水、料酒和大料，微煮至汤汁黏稠，加少许盐入味，分别装入3份盛器内，其中分别在2份盛器内放入鸡蛋黄液汁、老抽。

②取一个长方形盛器，先将一份本色的皮冻倒入，放入冰箱冷藏30分钟。待皮冻凝固后，再倒入第二份黄色，重复上述步骤。直到第三份酱油色凝固好，盖层保鲜膜自然晾冷或放冰箱冷藏2小时，取出切成厚骨牌片，装盘，带蘸水蘸食。

4）制作关键

制作冻液时，应注意将熟猪皮切成颗粒状，并注意3种颜色之间的搭配。

5）类似品种

水晶虾仁、水晶鸭蛋。

6）营养分析

能量1 868.2千卡，蛋白质137.76克，脂肪141.62克，碳水化合物15.08克。

任务30 蘸水墨鱼仔

1）菜品赏析

贵州厨师大胆创新，采用西红柿制作辣椒酱，配海产品，别具一番风味。蘸水墨鱼仔以主料和辅料同时体现在冷菜名称里来命名，采用煎和蘸的烹调方法制作，酸辣味型，质地软嫩，蘸食可口。

2）菜肴原料

冰冻墨鱼仔 500 克，青椒 100 克，西红柿 100 克，糍粑辣椒 25 克，豆瓣酱 20 克，姜 15 克，大蒜 15 克，小葱 15 克，盐 3 克，鸡精 2 克，白糖 2 克，酱油 5 克，料酒 15 克，干芡粉 30 克。

3）工艺流程

①小心取出墨鱼仔的内脏，注意不要分离墨鱼的头和身体，洗净待用。青椒去蒂，洗净，切成颗粒状；西红柿洗净切成颗粒状；姜洗净，一半切成姜片，一半切成姜米；大蒜去皮，洗净，切成蒜米；小葱洗净，葱白切成葱节，葱叶切成葱花。

②将洗净的墨鱼仔放入盛器中，加盐、料酒、姜片、葱节码味 20 分钟。

③炒锅置于旺火上，放入油烧热，下糍粑辣椒、豆瓣酱炒香，加青椒、西红柿炒至断生，下姜米、蒜米略炒出香味，加盐、鸡精、白糖、酱油制成辣椒酱，起锅装入大碗内，放在圆盘中间待用。将码好味的墨鱼仔擦干，拍上干芡粉。

④取一个平底锅置中火上，放入油烧热，下拍好粉的墨鱼仔，煎至微焦黄时，加少许鲜汤，放入盐略煎，将水分煎干，淋入香油，起锅装入盘中辣椒酱的四周即可。

4）制作关键

①此菜的特色全在蘸水的糍粑辣椒，要求红辣椒色红质硬，咸酸辣度适中。

②主料码味时，可加入少量醋，能更好去除腥味。

③主料在锅中受热时间不宜长，以确保其嫩脆质感。

5）类似品种

泡椒蘸墨鱼仔、椒麻蘸墨鱼仔。

6）营养分析

能量 501.2 千卡，蛋白质 80.62 克，脂肪 7.06 克，碳水化合物 29.92 克。

模块4 泡卤卷酿创意菜

任务31 果仁醉菠菜

1）菜品赏析

菠菜又名波斯菜、赤根菜、鹦鹉菜等。菠菜可以用来烧汤、凉拌、单炒、配荤菜合炒或垫盘，为近年来流行于酒楼的特色冷菜，也是最受欢迎的菜品之一。果仁醉菠菜以主料和辅料同时体现在冷菜名称里来命名，采用汆和拌的烹调方法制作，荔枝味型，色泽碧绿，酥脆干香，酸咸可口，具有一股果香味。

2）菜肴原料

菠菜 250 克，杏鲍菇 100 克，小尖红椒 20 克，姜末 4 克，蒜末 5 克，盐 1 克，鸡精 1 克，秘制白糖醋汁 20 克，香油 2 克，熟白芝麻 2 克。

3）工艺流程

①将菠菜洗净，去根，下入沸水锅中汆水，捞出快速冲凉，挤干水分待用；将杏鲍菇洗净，切片，下入沸水锅中煮至半熟，捞出沥干水分，下入油锅中，炸至金黄色，捞出，滗油；小尖红椒洗净去蒂，切成颗粒状。

②取一个盛器，放入挤干的菠菜，加入小尖红椒、姜末、蒜末、盐、鸡精、白糖、醋汁搅拌均匀，放入炸好的杏鲍菇酥脆片，加香油拌匀入味，装盘，撒上熟白芝麻即可。

4）制作关键

①主料以选用色泽浓绿，根为红色，不着水，茎叶不老，无抽薹开花，不带黄烂叶者为佳。

②主料要用沸水快速汆水，快速冲凉，以保色保嫩。

5）类似品种

菠菜粥、鸡蛋菠菜饼。

6）营养分析

能量 107.2 千卡，蛋白质 8.62 克，脂肪 0.93 克，碳水化合物 23.09 克。

任务32　生态菜团子

1）菜品赏析

生态菜团子为寺院菜、民间素菜、素菜创新菜，将主料切碎放入辅料、调料拌和成型，蒸制而成，是素食餐桌上最受欢迎的菜肴之一。生态菜团子以主料体现在冷菜名称里来命名，采用蒸和浇淋的烹调方法制作，香辣味型，色泽红亮，红油味浓。

2）菜肴原料

青菜 300 克，面粉 50 克，复制酱油 15 克，油酥辣椒 20 克，姜末 6 克，蒜泥 8 克，盐 2 克，味精 1 克，熟芝麻 1 克，香菜 1 克，花椒粉 4 克，陈醋 5 克，冷鲜汤 60 克，辣椒油 20 克，芝麻油 5 克。

3）工艺流程

①将青菜洗净，下入沸水锅中氽水，捞出用冷水冲凉后切碎，挤干水分放入盛器内加盐、面粉，用少许水调匀，然后搓成大小一致的 8 个菜团，放盘内入蒸锅蒸 10 分钟成型，取出放入另外的窝盘内待用。

②取一个大碗，依次加入油酥辣椒、姜末、蒜泥、盐、味精、复制酱油、陈醋、花椒粉、冷鲜汤调匀，再加辣椒油、芝麻油调成红油味汁，淋入盘内的菜团上，撒上熟芝麻、香菜即成。

4）制作关键

①选用色泽浓绿、不着水、茎叶不老、不带黄叶和烂叶的蔬菜。

②主料氽水后切成碎粒，一定要挤干水分。

③蒸锅中的水要提前烧沸，才可蒸制。

5）类似品种

菜团豆腐、豆油炸菜团。

6）营养分析

能量 205 千卡，蛋白质 12.05 克，脂肪 2.15 克，碳水化合物 42.65 克。

任务33 冰梅酱雪莲

1）菜品赏析

雪莲果用水洗净削皮后，即可生吃。雪莲果可用来制作水果拼盘，也可用来制作菜肴、涮火锅、炖鸡肉或煲排骨汤等，还可用来制作雪莲果饮料、罐头。其饮料可制作雪莲果糕点、雪莲果馒头等。冰梅酱雪莲以主料和辅料同时体现在冷菜名称里来命名，采用汆和淋的烹调方法制作，酸辣味型，脆嫩爽口，醒酒解腻，适合在春节时食用。

2）菜肴原料

新鲜雪莲果 200 克，冰花酸梅酱 50 克，盐 5 克。

3）工艺流程

新鲜雪莲果去皮，切成菱形块，下入调有微量盐的沸水锅中快速汆透，装盘淋上冰花酸梅酱即成。

4）制作关键

①将削皮后的雪莲果放入清水中浸泡不会变色。

②汆水时间不宜过长，盐少量，控干水分。

5）类似品种

冰梅酱雪梨、雪莲炖鸡。

6）营养分析

能量 231.8 千卡，蛋白质 0.8 克，脂肪 0.7 克，碳水化合物 70.4 克。

任务34 爽口韭菜根

1）菜品赏析

韭菜，又名丰草、草钟乳、起阳草、长生韭、扁菜、壮阳草等，属百合科多年生草本植物。韭菜可炒吃，亦可作馅，在黔东南，部分少数民族同胞爱将韭菜根制作成腌菜，可直接食用或者凉拌，可烧，可炒，也可以煮汤。爽口韭菜根以主料体现在冷菜名称里来命名，采用腌和拌的烹调方法制作，清辣腌香味型，色泽金黄，质地脆嫩，咸鲜味美，具有药用功效。

2）菜肴原料

鲜韭菜根300克，小尖青椒15克，小尖红椒15克，盐2克，味精1克，鸡精1克，胡椒面1克，香油2克。

3）工艺流程

①将韭菜根摘去老根洗净，切成3～4厘米的段，放在竹篮子内晾晒1～2天；小尖青椒、小尖红椒分别去蒂，洗净，切成颗粒状。

②炒锅置旺火上，放入油烧至六成热，下入晾晒好的韭菜根炸至金黄色，捞出滤油。锅内留少许油加热，投入小尖青椒粒、小尖红椒粒略炒片刻，下入炸好的韭菜根，加入盐、味精、鸡精、胡椒面翻炒均匀，淋入香油，起锅装盘即成。

4）制作关键

①韭菜根选用根须部位，食用时用清水浸泡片刻。

②油温避免过高，以炸至金黄色为佳。

5）类似品种

韭菜根炖排骨、韭菜根炒腊肉。

6）营养分析

能量95千卡，蛋白质7.94克，脂肪1.31克，碳水化合物17.24克。

任务35　香水浸黄豆

1）菜品赏析

黄豆，即大豆，富含优质蛋白质。除了蛋白质，黄豆还含有多种人体必需的营养元素。以黄豆制作菜品多为油炸后处理，如贵阳南郊宴席中的“马料豆”、怪噜花生等。香水浸黄豆，是具有奇特风味的美味佳肴，也是佐酒菜之一。香水浸黄豆以主料和辅料同时体现在冷菜名称里来命名，采用煮和泡的烹调方法制作，清香味型，芳香爽口，口感绵软，佐酒极佳。

2）菜肴原料

黄豆300克，麦芽粉15克，盐5克，白糖10克，生抽20克，清水1 500克。

3）工艺流程

①将黄豆洗净，用温水泡胀。

②取不锈钢汤锅置旺火上，加入清水，下入泡好的黄豆煮沸后，转为小火，调入麦芽粉、盐、白糖、生抽煮至熟透软酥，离火浸泡冷却后，捞出装盘即成。

4）制作关键

黄豆必须煮软，才有利于浸泡入味。

5）类似品种

香水花生、香水核桃。

6）营养分析

能量1 224千卡，蛋白质106.5克，脂肪48.27克，碳水化合物114.35克。

任务36 酱卤核桃果

1）菜品赏析

酱卤食材多种多样。酱卤核桃果将淡雅的茶香、清新的陈皮融入卤汁中。核桃在卤汁的浸润下，美味可口，放入口中食欲随即被唤醒。酱卤核桃果以主料和辅料同时体现在冷菜名称里来命名，采用酱卤烹调方法制作，酱香味型，卤香可口，壳轻易碎，新颖有亮点。

2）菜肴原料

新疆纸皮核桃 300 克，八角 2 克，花椒籽 10 粒，陈皮 2 克，茶叶 2 克，桂皮 2 克，干辣椒 5 克，盐 5 克，甜酱 10 克，蚝油 10 克，卤水汁 30 克，老抽 5 克。

3）工艺流程

用清水洗净核桃表面的灰尘；核桃洗净后轻轻敲出一道裂缝，放入汤锅内加入足量的清水；再加入卤水汁、甜酱、八角、花椒籽、陈皮、茶叶、桂皮、干辣椒、盐、老抽等提味料，用大火卤制 15 分钟，关火后，让其在卤汁中浸泡，冷却入味后，取出装入盘内即成。

4）制作关键

①开大火卤制 15 分钟。

②关火后，不要着急取出核桃，让其在卤汁中浸泡。

5）类似品种

酱卤花生、酱卤豆干。

6）营养分析

能量 1 476 千卡，蛋白质 29.4 克，脂肪 73.8 克，碳水化合物 183.3 克。

任务37 古镇状元蹄

1）菜品赏析

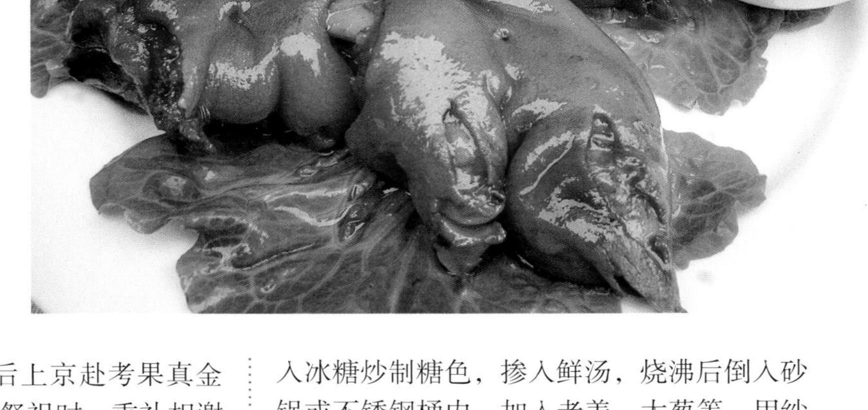

相传，清朝青岩举人赵以炯，为上京赴考，常温习功课至深夜。一日忽觉肚中饥饿，便信步走到夜市食摊，点卤猪脚消夜，食后赞不绝口。摊主道："贺喜少爷。"赵问："何来之喜？"摊主不失时机道："少爷，您吃了这猪脚，蹄题同音，好兆头，好兆头啊，定能金榜题名。"赵听后大笑，后上京赴考果真金榜题名，高中状元。回家祭祖时，重礼相谢摊主。古镇状元蹄以出产地和主料同时体现在冷菜名称里来命名，采用红卤的烹调方法制作，五香味型，色红褐，皮充盈泽润，质酥软，味醇厚，肥而不腻，酸辣中显鲜，肉香、调料香十足，食肉啃骨，回味无穷。

2）菜肴原料

原料（按10份计）猪脚5 000克，冰糖500克，八角6克，花椒、草果各5克，砂仁4克，桂皮、山柰、甘草、罗汉果各3克，蔻仁、白芷、小茴香各2克，丁香1克，老姜10克，大葱20克，盐30克，鲜汤3 000克，煳辣椒面50克，双花醋60克，姜末20克，葱花30克。

3）工艺流程

①将猪脚烧尽余毛，使皮焦黄，浸泡，刮净焦皮，清除污物，一剖为二，放入开水锅中焯透，捞出，用冷水洗净，待用。

②炒锅置中火上，放入少许油烧热，放入冰糖炒制糖色，掺入鲜汤，烧沸后倒入砂锅或不锈钢桶内，加入老姜、大葱等，用纱布包扎八角、山柰等香料，包好后投入卤水锅中，调入盐煮至出卤香气味，下猪脚卤1 ~ 2小时离火浸泡即成。

③取碗加入煳辣椒面、双花醋、姜末、葱花等，制成蘸汁，随卤好的猪脚一起上桌即成。

4）制作关键

①以选个大均匀、色泽光亮、新鲜、有弹性、无残毛、无异味的鲜猪蹄为佳。前蹄皮厚、筋多、胶重，质量比后蹄更优。

②猪蹄卤制时间较长，糖色不宜太多，以卤水调成浅红色为佳。

5）类似品种

卤鸡、卤鸭、卤牛肉。

6）营养分析

能量1 498.5千卡，蛋白质113克，脂肪94克，碳水化合物49.65克。

任务38 春色白肉卷

1）菜品赏析

春色白肉卷是蒜泥白肉的升级版。春色白肉卷以选用黑猪熟白肉薄片卷入脆嫩的红绿白鲜蔬而食之，在原有鲜香口感蒜泥味的基础上增加了脆嫩和清新，而且营养更加丰富，色彩更加艳丽，是肥而不腻、清爽可口的冷菜。春色白肉卷以主料体现在冷菜名称里来命名，采用煮和卷的烹调方法制作，红油蒜泥味型，肉质软嫩，蒜味浓厚，香辣咸鲜略带甜。

2）菜肴原料

带皮五花肉300克，薄荷或香菜100克，折耳根100克，蒜泥30克，复制淡酱油50克，辣椒油30克。

3）工艺流程

①将带皮五花肉刮洗干净，放入汤锅内煮至刚熟，捞出，再用原汤浸泡至温热（约20分钟即可）。将薄荷或香菜、折耳根洗净切成段，放入沸水锅中焯水，捞出沥干水分待用。

②捞出浸泡的肉，揾干水分，用平刀法片成长约10厘米、宽约5厘米的大薄片（越薄越好）。将切好的肉片逐片在案板上平铺放入薄荷或香菜、折耳根，逐片卷起，制成蔬菜白肉卷，放在盘中待用。

③取一碟子，加入蒜泥、复制淡酱油、辣椒油调成蒜泥味蘸水，可淋在白肉卷上，也可蘸食。

4）制作关键

①控制火候，煮肉时，水沸后立即用小火煮至刚熟，即将肉切开不见血水。

②肉片宜薄，宜完整卷裹规范，干净利落，装盘整齐。

5）类似品种

红油牛肉卷、糟辣金针菇肉卷。

6）营养分析

能量1 079千卡，蛋白质47.3克，脂肪91.8克，碳水化合物32.7克。

任务39 蛋黄里脊卷

1）菜品赏析

通常，肉鸡卷、咸蛋卷、皮蛋卷以及卤菜中的耳卷、肘卷较为常见。用里脊肉卷蛋黄确实需要一定的创新意识，其滋润度反倒需要蛋黄给予里脊油脂，并完全融入，切片成型，口味清新。蛋黄里脊卷以主料和辅料同时体现在冷菜名称里来命名，采用卷和蒸的烹调方法制作，咸鲜味型，肉卷鲜嫩，滋味别致，佐酒佳品。

2）菜肴原料

猪里脊肉200克，蛋黄150克，盐3克，味精3克，料酒5克，葱5克，姜5克，湿淀粉15克。

3）工艺流程

①将猪里脊肉切成大长片，加葱、姜、盐、料酒、味精、湿淀粉上浆码味。

②用肉片包裹蛋黄成卷，用纱布扎紧，然后上笼蒸熟，待冷却后取掉纱布，改刀成片装盘即成。

4）制作关键

主料应掌握好刀工，片得大而薄，这样才易裹卷。制作裹卷时，应裹紧、裹牢。

5）类似品种

翡翠肉松卷、江湖鸡卷。

6）营养分析

能量802千卡，蛋白质63.2克，脂肪58.1克，碳水化合物6.5克。

任务40　糯米酿猪手

1）菜品赏析

酿制菜肴多用空心或带瓤原料制作，如青椒、苦瓜，也常用容易挖空的豆腐类原料。猪肘、猪耳多卷制成冷菜食用，糯米酿猪手经过熟制，去骨酿制原料后蒸熟，再浇汁、辅味，别有一番风味。糯米酿猪手以主料和辅料同时体现在冷菜名称里来命名，采用蒸和卷的烹调方法制作，咸鲜味型，色泽棕红，质地软糯，味甜咸鲜，形态完整。

2）菜肴原料

猪蹄1只（约900克），糯米300克，猪肥瘦肉末400克，母鸡肉末150克，香菇丁30克，胡萝卜20克，青椒10克，红椒10克，桂皮2克，八角5克，花椒5克，葱20克，姜25克，盐10克，糖色50克，味精2克，胡椒粉2克，老抽10克，蚝油20克，海鲜酱10克，料酒25克，水芡粉25克，鲜汤2 500克，熟猪油100克，芝麻油2克。

3）工艺流程

①将带皮猪蹄的绒毛烧燎，刮洗干净，去蹄壳，放入沸水锅中加料酒，汆水，捞出，用冷水冲净，再放入鲜汤锅中，加桂皮、八角、花椒、葱、姜、料酒、盐、糖色煮熟，捞出并滗去水分。从内蹄划一刀，取出骨头。将糯米用温水涨泡2小时以上，洗净控水。将香菇、胡萝卜、青椒、红椒分别洗净，切成小丁。

②将猪肥瘦肉末、母鸡肉末放入盛器内，加入糯米、香菇丁、胡萝卜丁、盐、胡椒粉、熟猪油、鲜汤、水芡粉等调制的糯米肉蓉馅料。在取出骨头的猪蹄中填入馅料，用白纱布包好、压紧，成形后放入汤盆内，上笼蒸3小时，取出并除去纱布，将猪蹄切厚片，摆在盘子中间呈熊掌状。

③炒锅置旺火上，放入原汤烧沸，加红椒丁、青椒丁、海鲜酱、蚝油、老抽、鸡精烧入味，勾二流芡，淋入芝麻油，起锅浇在盘中的猪蹄上即成。

4）制作关键

①猪蹄剔骨要治净，填入馅料要丰满。

②掌握好勾芡的浓度，以二流芡为宜。

5）类似品种

八宝葫芦鸭、酿豆腐。

6）营养分析

能量5 354千卡，蛋白质309克，脂肪345克，碳水化合物253克。

项目3

贵州风味家常菜

教学名称： 贵州风味家常菜

教学内容： 贵州热菜制作

教学要求： ①了解贵州热菜品种。

②赏析贵州热菜。

③学习和试做贵州热菜。

④举一反三应用贵州热菜。

课后拓展： 让学生课后撰写一篇贵州热菜的学习心得，并通过网络、图书等多种渠道查阅贵州热菜的品种及应用，按照自己思考分类归纳。

贵州风味家常菜几乎无菜不辣，可以说，辣是贵州菜的灵魂；且善用辣椒蘸水，不同的菜肴用不同的蘸水；辅以家家有酸汤缸、户户有腌菜坛制作的发酵制品，与生态绿色食材烹饪脍炙人口的家常美馔。

模块1 田园风情小炒菜

任务1 白菜烩小豆

1）菜品赏析

小豆又名米豆，是一种产量不大的豆类，富含对人体有益的膳食纤维，健胃清食。平常将小豆和大米煮成粥混合着吃，对身体有益，食后促进消化，稳定血压。用小豆和蔬菜同煮成的一种汤菜，是一道饭前开胃、饭后消食的保健食品。白菜烩小豆以主料和辅料同时体现在热菜名称里来命名，采用煮和烩的烹调方法制作，咸鲜味型，色泽鲜艳，咸鲜味美，清淡爽口，泡饭佐菜。

2）菜肴原料

小白菜350克，米豆100克，肉末80克，姜粒2克，盐3克，熟猪油50克，鲜汤500克。

3）工艺流程

①将米豆用清水浸泡6小时，淘洗干净，装盆，注入清水，上笼蒸至破口并熟透；将小白菜洗净，切成粗粒状。

②炒锅置旺火上，放入熟猪油烧热，炝香姜粒，下入肉末炒至断生，放入小白菜粒，注入鲜汤，投入熟米豆，调盐烩至入味，起锅装入盘内即成。

4）制作关键

浸泡米豆的时间要足，以手指能将其捏碎为佳，上笼蒸至熟透。

5）类似品种

酸菜烩豆米、莴笋叶烩胡豆。

6）营养分析

能量699.5千卡，蛋白质36.01克，脂肪31.25克，碳水化合物74.77克。

任务2 薄荷土豆片

1）菜品赏析

民间家庭在煮食土豆时，将一时吃不完的熟土豆去皮，切片晒干，食用时，再用油炸成土豆片。如今选用特殊原料、吃狗肉和豆花面必用的薄荷叶炒制，别有一番风味。薄荷土豆片以主料和辅料同时体现在热菜名称里来命名，采用炸和炒的烹调方法制作，香辣薄荷味，色泽金黄，质地酥脆，微辣适中，味道独特。

2）菜肴原料

干土豆片 100 克，薄荷叶 15 克，盐 2 克，味精 1 克，陈醋 3 克，熟芝麻 5 克，干辣椒丝 10 克。

3）工艺流程

①将干土豆片直接放入六成热的宽油中炸至起泡酥脆，控油。

②将炒锅中放入少许油烧热，加干辣椒丝用小火煸香，放入炸酥的土豆片、薄荷叶，调入盐、味精，烹入陈醋，用大火翻炒，起锅装入盘内，撒上熟芝麻即成。

4）制作关键

把握炸制土豆片的油温。如油温不足，干土豆片口感坚硬；如油温过高，干土豆片易煳发苦。

5）类似品种

椒盐土豆片、干煸四季豆。

6）营养分析

能量 346.6 千卡，蛋白质 6.36 克，脂肪 0.5 克，碳水化合物 81.69 克。

任务3 野菜炒豆腐

1）菜品赏析

在贵州，不同的季节有不同的野菜。春有香椿、蕨菜，夏有灰灰菜、剪刀菜，秋有阳藿。而一年四季均有薄荷叶、折耳根等。用野菜炒豆腐，加上鲜红的干辣椒、西红柿搭配，是百姓餐桌上最受欢迎的家常菜肴之一。野菜炒豆腐以主料和辅料同时体现在热菜名称里来命名，采用炒的烹调方法制作，糟辣味型，色泽鲜艳，质地脆嫩，咸鲜味美，营养丰富。

2）菜肴原料

茼蒿 200 克，老豆腐 200 克，糟辣椒 20 克，西红柿 50 克。

3）工艺流程

①茼蒿洗净、切碎；西红柿洗净，切成粒；老豆腐压碎。

②炒锅置旺火上，加入油烧热，下入碎烂的老豆腐炒至熟透，放入茼蒿炒至断生，下入糟辣椒、西红柿粒炒匀，起锅装盘即成。

4）制作关键

急火快炒，茼蒿不宜炒至熟透。

5）类似品种

野菜炒豆干、韭菜炒猪血。

6）营养分析

能量 534.7 千卡，蛋白质 48.1 克，脂肪 16.6 克，碳水化合物 57.8 克。

任务4 野葱炒豆腐

1）菜品赏析

野葱炒豆腐将青岩豆腐与干辣椒、猪肉末巧妙地搭配组合，在制作调味时添加了本地野葱，成菜即为一款受众多食客欢迎、风味奇特的美味佳肴，佐酒下饭都非常适合。野葱炒豆腐以主料和辅料同时体现在热菜名称里来命名，采用炒的烹调方法制作，煳辣味型，色泽淡红，质地熟软，香浓味厚，下饭佐酒。

2）菜肴原料

青岩豆腐350克，野葱150克，熟肉末50克，干辣椒节10克，姜粒5克，蒜粒5克，豆瓣酱20克，味精1克，花椒面2克。

3）工艺流程

①青岩豆腐洗净，切成大丁；野葱洗净，切成段；干辣椒切成筒筒辣椒。

②炒锅置旺火上，放入油烧至五成热，下入青岩豆腐过油，滤油。锅内留底油，下入干辣椒节炒至棕红色，加姜粒、蒜粒、豆瓣酱炒出香味，下入熟肉末略炒，投入青岩豆腐，下入野葱段，加味精、花椒面翻炒均匀，起锅装入盘内即成。

4）制作关键

炒制豆瓣酱时，要把握好油温，炒香出色。青岩豆腐在过油时，应掌握好油温。

5）类似品种

家常青岩豆腐、小炒青岩豆腐。

6）营养分析

能量775.9千卡，蛋白质68.85克，脂肪32.6克，碳水化合物59.77克。

任务5　脆哨炒豆渣

1）菜品赏析

在过去，根本就没有人食用豆渣。制作豆腐得来的豆渣，要么用来喂猪，要么丢掉。后来，研究证明，豆渣营养丰富，含有人体需要的膳食纤维，所以，豆渣成为现代社会公认的健康食材。豆渣是一种变废为宝的食材，用鸡蛋、脆哨等配炒成菜，佐酒又下饭，是一款备受欢迎的健康菜肴。脆哨炒豆渣以主料和辅料同时体现在热菜名称里来命名，采用炒的烹调方法制作，煳辣味型，色泽亮丽，质地细腻，咸鲜适口，脆哨酥香。

2）菜肴原料

豆渣 400 克，脆哨 80 克，干辣椒节 10 克，盐 2 克，味精 1 克，青蒜 10 克。

3）工艺流程

①将青蒜洗净，切成细粒状；脆哨切成碎粒状；豆渣放入蒸笼内蒸至熟透（约 10 分钟），待用。

②炒锅置旺火上，放入油烧热，下入干辣椒节炝至有香味，放入蒸熟的豆渣煸炒至有香味，下入脆哨粒一同炒，加盐、味精翻均匀并入味，撒入青蒜粒炒匀，起锅装盘即成。

4）制作关键

豆渣蒸熟，小火炒香。

5）类似品种

脆哨土豆泥、油渣炒豆渣。

6）营养分析

能量 668 千卡，蛋白质 25.6 克，脂肪 38.2 克，碳水化合物 64.3 克。

任务6 香辣赤水笋

1）菜品赏析

竹笋具有低脂肪、低糖、多纤维的特点。食用竹笋，不仅能促进肠道蠕动，帮助消化，去积食，防便秘，还有预防大肠癌的功效。选用赤水地区干竹笋与干豆豉一同入菜，是一道美味爽口的农家特色菜，也是一道香辣佐酒佳肴。香辣赤水笋以主料、产地和口味同时体现在热菜名称里来命名，采用炒的烹调方法制作，香辣味型，与豆豉回锅肉做法相似，质地鲜脆，香辣味美，下酒佐菜。

2）菜肴原料

赤水黑干笋子250克，干豆豉18克，干辣椒12克，熟糍粑辣椒20克，蒜苗20克，姜片5克，盐2克，味精1克，白糖2克，酱油5克，甜酱5克，红油10克。

3）工艺流程

①用淘米水浸泡黑干笋子2小时以上，然后将黑干笋子清洗干净，去老根部位，切成粗丝，放入沸水锅中加盐汆一道水，捞出冲凉待用；将蒜苗洗净，切成马耳朵形的段；将干辣椒切成筒筒辣椒。

②炒锅置旺火上，放入油烧至六成热，下入笋子略爆片刻，捞出滤油。锅内留底油烧热，下入筒筒辣椒炒至棕红色，放入熟糍粑辣椒、干豆豉、姜片炒至有香味，加甜酱，下入爆好的笋子翻炒均匀，调入盐、味精、白糖、酱油翻炒入味，淋入红油，起锅装盘即成。

4）制作关键

黑干笋一定要浸泡透，浸泡至用手指很容易掐。

5）类似品种

豆豉回锅肉、豆豉炒蕨粑。

6）营养分析

能量260千卡，蛋白质15克，脂肪14.6克，碳水化合物26克。

任务7　油渣炒莲白

1）菜品赏析

在仡佬族地区，人们常常将熬了猪油后剩余的油渣用来炒菜，既节约又美味。如今，各地酒楼、餐厅竞相模仿，纷纷推出油渣炒莲白，甚至出现了专业经营油渣火锅的餐馆。油渣炒莲白以主料和辅料同时体现在热菜名称里来命名，采用炒的烹调方法制作，香辣味型，色泽清爽，质地脆嫩，油渣软和，咸鲜柔和。

2）菜肴原料

猪油渣300克，莲白200克，蒜苗25克，干辣椒节12克，盐10克。

3）工艺流程

①将莲白洗净，撕成或切成大块；将蒜苗洗净，切成马耳朵形。

②炒锅置旺火上，放入少量油烧热，下入干辣椒节煸炒至棕红色，下入莲白块炒至熟透，放入油渣、盐、蒜苗段翻炒均匀，起锅装盘即成。

4）制作关键

熬猪油渣时，火不能过大，莲花白一定要炒至断生。

5）类似品种

油渣炒白菜薹、青椒炒油渣。

6）营养分析

能量1 233千卡，蛋白质42.6克，脂肪111.4克，碳水化合物16.4克。

任务8 火腿炒莲藕

1）菜品赏析

贵州威宁、盘州盛产火腿。火腿肥瘦相连，红白相间，色彩美观，与莲藕合烹，脆嫩爽口。火腿炒莲藕以主料和辅料同时体现在热菜名称里来命名，采用炒的烹调方法制作，咸鲜味型，色泽鲜艳，质地脆嫩，咸鲜可口，营养丰富。

2）菜肴原料

莲藕400克，老火腿100克，青椒25克，红椒25克，盐2克，味精1克，胡椒粉1克，白糖2克，白醋5克，料酒8克，香油2克。

3）工艺流程

①将莲藕去皮洗净，直刀切成薄片，放入沸水中加盐微煮两分钟，捞出放入凉水中浸泡；将老火腿切成片；将青椒、红椒去蒂，洗净，切成菱形片。

②炒锅置旺火上，放入油烧热，下火腿片爆炒出灯盏形，放入切好的菱形青椒片、红椒片和莲藕薄片，烹入料酒，加盐、味精、胡椒粉、白糖、白醋等调料翻炒均匀，淋入香油，起锅装盘即成。

4）制作关键

选择原料时，藕要选完整、无开口的。藕不能太老，太老很难煮熟，而且不好吃。

5）类似品种

火腿炒茭白、莲藕炒肉丁。

6）营养分析

能量634千卡，蛋白质24.8克，脂肪28.4克，碳水化合物76.2克。

任务9 腌肉莴笋皮

1）菜品赏析

莴笋的吃法很多，但用莴笋皮做菜，吃过的人可能就不多了，那味道苦脆苦脆的，香凉香凉的，还有一些绵长，煞是爽口。如果二便不通、积热、长眼屎，不用什么药，吃上一两顿凉拌莴笋皮，全身清爽。腌肉莴笋皮以主料和辅料同时体现在热菜名称里来命名，采用炒的烹调方法制作，咸鲜味型，色泽清爽，质地脆嫩，腊味醇厚，咸鲜微辣，具有药用价值。

2）菜肴原料

老腊肉 250 克，莴笋皮 150 克，花溪干辣椒 20 克，姜片 5 克，蒜片 8 克，盐 2 克，味精 1 克，白糖 2 克，酱油 5 克，红油 15 克。

3）工艺流程

①将老腊肉烧皮，刮洗干净，放入沸水锅中煮熟，捞出晾凉，切成片；将莴笋皮洗净，切成段，放入沸水锅中加盐汆水，捞出冲凉，沥干水分，待用；将花溪干辣椒切成筒筒辣椒。

②炒锅置旺火上，放入油烧至五成热时，下入腊肉片爆至表面微干，捞出滤油。锅内留底油，投入筒筒辣椒略炒香，加入爆好的腊肉片、莴笋皮，加盐、味精、白糖、酱油翻炒均匀入味，淋入红油，起锅装盘即成。

4）制作关键

选择上等烟熏老腊肉，莴笋皮不宜筋多过老。

5）类似品种

腊肉炒儿菜、腊肉炒冬笋。

6）营养分析

能量 1 327 千卡，蛋白质 34 克，脂肪 125 克，碳水化合物 28 克。

任务10 酸菜炒汤圆

1）菜品赏析

酸菜炒汤圆由四川籍的贵州厨师杨荣忠制作。一般情况下，大多传统的汤圆都是煮食，杨荣忠试着将汤圆用来蒸、煮后炒，都不太成功。最终，选用超市有售的冰冻小汤圆，相对独立，不粘连，皮厚薄一致，容易炸透，不易露馅，配料上用无盐贵州酸菜或咸酸爽的四川酸菜烹制，加上干辣椒炝制成煳辣香味，效果极好。汤圆脆糯，甜香不腻。煳辣酸鲜的酸菜炒汤圆终于成功问世。酸菜炒汤圆以主料和辅料同时体现在热菜名称里来命名，采用炒的烹调方法制作，咸甜味型，色泽金黄，质地脆糯，甜香不腻，煳辣酸鲜。

2）菜肴原料

冰冻小汤圆 200 克，四川酸菜 50 克，干辣椒节 20 克。

3）工艺流程

①将四川酸菜剁成碎末。

②炒锅置旺火上，放入油烧至八成热，下入冰冻小汤圆，离火浸炸至皮脆开始爆破时，上火略炸后快速倒出滤油。锅内留底油烧热，下入干辣椒节慢慢煸香煸脆，下入酸菜末炒香，放入炸好的汤圆快速翻炒，至汤圆外皮裹上一层酸菜末为佳，起锅装入盘内即成。

4）制作关键

汤圆选冰冻小汤圆，炸汤圆油温的控制。

5）类似品种

韭菜炒汤圆、蟹黄汤圆。

6）营养分析

能量 688.4 千卡，蛋白质 12.4 克，脂肪 30.1 克，碳水化合物 106.1 克。

模块2 好吃易做风味菜

任务11 贵州宫保鸡

1）菜品赏析

清朝名臣、贵州人丁宝桢，曾担任山东巡抚、四川总督，并被授予太子少保。丁宝桢爱吃家乡的辣椒炒鸡，称宫保鸡，经过菜系融合，川菜叫宫保鸡丁，扬名天下，山东也有宫保鸡丁。宫保鸡的做法与辣子鸡相近，是去骨辣子鸡的翻版。黔菜宫保，有鸡丁、肉花、鸡杂、板筋、魔芋豆腐、土豆等，且不限于丁，有条、丝、片、块等形状，配料多为蒜苗段，与川菜里的大葱和花生米、煳辣小荔枝味不同，采用糍粑辣椒和甜面酱调制的酱辣味。贵州宫保鸡以官名和主料同时体现在热菜名称里来命名，采用爆炒的烹调方法制作，酱辣味型，色泽悦目，肉质细嫩，酱味浓郁，辣香味浓，回味悠长。

2）菜肴原料

肥仔公鸡1只（约2 000克，实用300克），糍粑辣椒35克，盐3克，酱油15克，甜酱6克，姜米8克，蒜片10克，蒜苗25克，水芡粉30克。

3）工艺流程

①鸡宰杀治净，去骨取鸡肉，再切成2厘米见方的丁，用刀轻向里划上如算盘珠子大小的浅花刀，用姜米、盐、酱油、水芡粉码味拌匀，略腌。蒜苗洗净，切段。

②炒锅置旺火上，先炙锅，再放入油烧至七成热，下入码好味的鸡丁快速爆炒至散籽透心，捞出沥油。锅内留底油，下入糍粑辣椒炒至呈蟹黄色，放入蒜片、甜酱，投入爆好的鸡丁翻炒均匀，撒入蒜苗段，最后用其他调料和水芡粉的滋汁炒转，收汁亮油，起锅装入盘内即成。

4）制作关键

炒糍粑辣椒火候的掌握，颜色炒至呈蟹黄色。

5）类似品种

宫保肉花、宫保魔芋豆腐。

6）营养分析

能量298.5千卡，蛋白质58.2克，脂肪29.2克，碳水化合物5克。

任务12 泡椒猪板筋

1）菜品赏析

板筋是连接里脊肉与排骨、猪皮间的主要组织，韧劲极强，经快速加工，脆嫩爽口，长时间焖烧，软糯适口。猪、牛的板筋是贵州人喜爱的烹饪原料。板筋的制作，也是考验厨师功底的主要方法之一。其实，基本上只有贵州厨师会用到板筋，大多数菜系将其作为下脚料放吊汤锅中融入了奶汤，甚是可惜。板筋的烹饪，以色泽红亮、辣而不燥、鲜香泡椒味浓的泡椒板筋为佳。泡椒猪板筋以主料和辅料同时体现在热菜名称里来命名，采用炒的烹调方法制作，酸辣味型，色泽红亮，质地鲜嫩，辣而不燥，泡椒浓郁。

2）菜肴原料

猪板筋300克，泡椒100克，芹菜25克，姜片8克，蒜片8克，糟辣椒25克，盐2克，白糖5克，酱油5克，陈醋8克，水芡粉20克，红油20克。

3）工艺流程

①猪板筋剞去肥膘留筋，切成二粗丝，放入盛器内，加盐、料酒、水芡粉码味片刻；芹菜洗净，切成段；泡椒切成段，待用。

②炒锅置旺火上，放入油烧至六成热，将码好味的板筋下入油锅中爆至断生，捞出控油。锅中留底油，下入糟辣椒、泡椒段炒至油红、出香，加姜片、蒜片略炒，再加入爆好的板筋，烹入鲜汤，加酱油、陈醋、白糖翻炒均匀，放入芹菜段，勾入水芡粉收汁，淋入红油，起锅装盘即成。

4）制作关键

把握好火候，油温以六七成为佳。

5）类似品种

香辣板筋、宫保板筋。

6）营养分析

能量502.4千卡，蛋白质107.3克，脂肪4.8克，碳水化合物11.4克。

任务13　泡椒炒蹄皮

1）菜品赏析

贵州人爱吃肉，更爱吃肉的边角料。如同板筋一样，用作吊汤原料的猪蹄皮，在市场上价格奇高，原因是大家爱吃，也可以制作很多菜肴，如以泡椒、糟辣椒炒制，具有色泽红亮、辣而不燥的特点。泡椒炒蹄皮以主料和辅料同时体现在热菜名称里来命名，采用炒的烹调方法制作，咸甜味型，色泽红亮，质地软糯，泡椒脆爽，酸辣味浓。

2）菜肴原料

猪蹄皮 400 克，泡椒 100 克，糟辣椒 25 克，姜片 8 克，蒜片 8 克，香葱 15 克，盐 2 克，味精 1 克，白糖 5 克，酱油 5 克，陈醋 3 克，水淀粉 20 克，鲜汤 25 克，红油 15 克。

3）工艺流程

①用火燎烧去蹄皮的绒毛，刮洗干净，放入高压锅内加水压至转气 5 分钟，取出冲凉，切成小方块；香葱洗净，切段；泡椒切段；糟辣椒剁细。

②炒锅置旺火上，放油烧热，下入糟辣椒、泡椒段炒香，放姜片、蒜片煸炒，投入熟蹄皮块，烹入鲜汤，加盐、味精、白糖、酱油、陈醋翻炒均匀并入味，撒入香葱段，勾入水淀粉收汁，淋入红油，起锅装盘即成。

4）制作关键

蹄皮一定要压至软熟。

5）类似品种

香辣猪皮、火爆卤猪皮。

6）营养分析

能量 1 481 千卡，蛋白质 111 克，脂肪 113 克，碳水化合物 7.3 克。

任务14 锅巴小糯肉

1）菜品赏析

锅巴本是主食衍生品。在过去，人们都用煤火煮饭，很容易产生锅巴。现在，锅巴慢慢和人们绝缘了，但人们还是很怀念童年经常吃的锅巴。饭店经营者为迎合人们喜好，专门制作锅巴用于招徕食客，并在制作锅巴时添加多种食材。锅巴小糯肉以主料和辅料同时体现在热菜名称里来命名，采用炒的烹调方法制作，香辣味型，色泽棕红，质地软糯，微甜香辣。

2）菜肴原料

猪里脊肉250克，锅巴100克，小尖椒50克，贵州香辣酱25克，姜片8克，蒜片8克，盐2克，味精1克，鸡精1克，白糖5克，生抽5克，料酒10克，水芡粉25克、红油20克。

3）工艺流程

①将猪里脊肉切成大小一致的丁，放入盛器内加盐、白糖、料酒、水芡粉码味上浆；将小尖椒洗净，切成颗粒状。

②炒锅置旺火上，放入油烧至五成热，下入锅巴炸至金黄色起脆，捞出控油，装入盘内，待用。锅内的余油烧热，下入码好味的肉丁爆至断生，捞出控油。锅内留底油，下入小尖椒颗粒、贵州香辣酱、姜片、蒜片炒香，投入爆好的肉丁，加盐、味精、鸡精、生抽翻炒均匀，淋入红油，起锅放在盘内的锅巴上即成。

4）制作关键

控制好炸锅巴的火候，油温低锅巴不脆，油温高锅巴易煳。

5）类似品种

三鲜锅巴、三椒肉末锅巴。

6）营养分析

能量981.5千卡，蛋白质58.8克，脂肪57.6克，碳水化合物67.3克。

任务15 耳根油底肉

1）菜品赏析

油底肉是产于大娄山边的一款特色半成品原料。将猪腿肉去皮去骨后切成250 ~ 1 000克的块，加入盐、花椒面、煳辣椒面、米酒，在木桶内低温腌3 ~ 5天，取出用清水洗净放入筲箕内晾干。将猪油烧热，慢慢投入腌好、晾干的肉块，在锅中炸至水分干时连油一起装入土坛中浸泡，待油凝固后加盖密封，1个月后即可开盖取出，拌、炸、炒、炖、煮均可。耳根油底肉以主料和辅料同时体现在热菜名称里来命名，采用炒的烹调方法制作，咸甜味型，色泽自然，肉软鲜嫩，折耳根脆香，回味爽口。

2）菜肴原料

油底肉300克，折耳根150克，干辣椒10克，蒜苗25克，干花椒5克，盐2克。

3）工艺流程

①炒锅置旺火上，烧热后放入油底肉滚几下，去掉表面的油，取出切成肉片；将折耳根洗净切成段；将蒜苗洗净，切成马耳朵形的段；将干辣椒切成筒筒辣椒。

②将炒锅洗净置旺火上，放入油烧热，加入筒筒辣椒、干花椒炒出香味，下入油底肉略炒，再放入折耳根段、盐快速翻炒均匀，撒入蒜苗段炒匀，起锅装盘即成。

4）制作关键

油底肉的腌制是关键。

5）类似品种

干锅油底肉、香辣油底肉。

6）营养分析

能量538千卡，蛋白质70.95克，脂肪10.8克，碳水化合物60.32克。

任务16 花仁爆双脆

1）菜品赏析

花仁爆双脆用牛黄喉与传统菜菊花鸭肐一起，采用爆炒的技法烹制。花仁爆双脆以主料和辅料同时体现在热菜名称里来命名，采用爆炒的烹调方法制作，鲜辣味型，色泽自然，质地嫩脆，咸鲜微辣，形如菊花。

2）菜肴原料

鸭肐4个（约150克），黄喉150克，小尖青椒25克，小尖红椒25克，姜片8克，蒜片6克，蒜苗10克，熟糍粑辣椒20克，盐2克，味精1克，鸡精2克，胡椒面1克，白糖2克，酱油5克，陈醋3克，甜面酱5克，料酒8克，嫩肉粉3克，鲜汤20克，水淀粉20克，红油10克。

3）工艺流程

①把鸭肐外表皮的白筋膜去掉，每个鸭肐剞花刀；黄喉洗净去杂物，切成连刀块；小尖青椒、小尖红椒分别去蒂，洗净后切成颗粒状；蒜苗洗净，切段。将鸭肐、黄喉混合放入盛器内，加入嫩肉粉、甜面酱、料酒、水淀粉拌匀码味上浆，待用。

②取一个小碗，加入盐、味精、鸡精、白糖、胡椒面、酱油、陈醋、鲜汤、水芡粉调成咸鲜味芡汁。

③炒锅置旺火上，放入油烧至八成热，下入码好味的鸭肐、黄喉爆至断生，捞出控油。锅内留底油，放入姜片、蒜片、熟糍粑辣椒炒香并油红，下入小尖青椒、小尖红椒颗粒略炒出味，投入爆好的鸭肐、黄喉，撒入蒜苗段，倒入咸鲜味芡汁翻炒均匀，收汁后，淋入红油，起锅装盘即成。

4）制作关键

掌握好火候，八成油温爆鸭肐、黄喉最脆嫩。

5）类似品种

泡椒双脆、香辣爆双脆。

6）营养分析

能量131.3千卡，蛋白质26.1克，脂肪0.7克，碳水化合物6.6克。

任务17 青椒炒酥肉

1）菜品赏析

酥肉是运用极广的烹饪半成品，可以直接食用。酥肉通常也是火锅店必备的食物之一。这款色泽金黄，外酥里嫩，清香可口的小炒酥肉，是非常推崇的一款好菜。青椒炒酥肉以主料和辅料同时体现在热菜名称里来命名，采用炸和炒的烹调方法制作，鲜辣味型，色泽多彩，质地酥脆，椒味突出。

2）菜肴原料

五花肉250克，美人青椒50克，美人红椒50克，姜5克，香葱10克，面粉30克，鸡蛋2个，盐4克，味精2克，鸡精1克，花椒粉1克，甜酒汁10克，干芡粉100克，香油2克。

3）工艺流程

①把姜洗净拍破，香葱洗净切成结，放入盛器内加清水浸泡成姜葱水；将五花肉去皮，切成3 ~ 5厘米宽的片，放入盛器内加姜葱汁、盐、味精、鸡精、花椒粉、甜酒汁腌制30分钟；将美人青椒、美人红椒分别洗净，切成大颗粒。

②取一个盛器，加入鸡蛋、芡粉、面粉、盐、水调成稀稠适度的全蛋糊，将腌好的肉片挤干水分放入制成的糊中挂匀。

③炒锅置旺火上，放入油烧至五成热，将挂糊好的肉片放入油锅中炸至定型，捞出滤油，切成小块，油锅再次升温两成，下入肉块反复炸至金黄色且香、酥、脆时，捞出滤油。锅内留底油，放入美人青椒粒、美人红椒粒炒至有香味，投入炸制好的酥肉，加盐翻炒均匀，淋入香油，起锅装入盘内即成。

4）制作关键

全蛋糊稀稠适度，肉片太稀挂不上糊，肉片太稠挂糊太厚。炸制油温控制在4 ~ 5成。

5）类似品种

鱼香酥肉块、椒盐酥肉。

6）营养分析

能量879千卡，蛋白质38.1克，脂肪76.9克，碳水化合物23.2克。

任务18 蕨粑炒腊肉

1）菜品赏析

大山里的农民于寒冬腊月在深山里挖掘蕨菜根，清洗后放木墩上，用木槌捶蓉，自上而下连接多个木桶，逐步冲洗、沉淀。水清后取其底部白色的蕨根淀粉，晒干，用沸水调匀，添加米饭混合成大块存放，此后形成纯正的蕨粑。食用时切片，与腊肉等混合炒制，口感软糯肥厚，咸鲜味美。蕨粑炒腊肉以主料和辅料同时体现在热菜名称里来命名，采用炒的烹调方法制作，鲜辣味型，色泽亮丽，质地软糯，咸鲜味美，农家风味。

2）菜肴原料

蕨粑 200 克，老腊肉 300 克，红椒 50 克，美人椒 50 克，蒜苗 20 克，姜片 10 克，蒜片 10 克，盐 2 克，味精 1 克，白糖 2 克，酱油 5 克，陈醋 2 克。

3）工艺流程

①将老腊肉烧皮，刮洗干净，放入沸水锅中煮熟，捞出晾凉，切成丁；蕨粑切成与腊肉同样大小的丁；红椒、美人椒分别洗净，去辣椒籽切成条；蒜苗洗净，切成马耳朵形的段。

②炒锅置旺火上，放入油烧至五成热，下入腊肉丁爆至表面微干，捞出控油。锅内留底油，下入红椒条、美人椒条、姜片、蒜片略炒香，放入蕨粑炒至软糯时，投入爆好的腊肉丁，加盐、味精、白糖、酱油、陈醋翻炒均匀，撒入蒜苗段炒匀，起锅装盘即成。

4）制作关键

蕨粑形状完整，不能炒碎烂。

5）类似品种

腊肉饵块粑、豆豉炒蕨粑。

6）营养分析

能量 1 943 千卡，蛋白质 39.5 克，脂肪 146.8 克，碳水化合物 121.2 克。

任务19　风味小炒肉

1）菜品赏析

如今，市面上同一名称，版本最多的菜肴也许就是小炒肉了。可以说，没有两家完全相同的小炒肉，小炒肉可用生肉炒，也可用熟肉炒，主体酱味浓郁，可辣可不辣，辣的程度也由所在区域、店家与厨师确定。这里介绍的小炒肉，成菜亮红，咸鲜略带酸辣，是比较另类的。风味小炒肉以地方风味和主料同时体现在热菜名称里来命名，采用炒的烹调方法制作，鲜辣味型，色彩鲜艳，质地脆嫩，酸辣适中，是佐饭佳肴。

2）菜肴原料

猪里脊肉250克，嫩姜80克，蒜薹50克，土豆50克，泡椒50克，香葱20克，蒜片8克，糟辣椒25克，盐3克，味精0.5克，酱油5克，料酒10克，水芡粉10克，鲜汤20克。

3）工艺流程

①把猪里脊肉用斜刀切成薄片，放入盛器内，加盐、料酒、水芡粉拌匀码味；嫩姜、蒜薹、去皮土豆分别洗净，切成粗丝；泡椒去籽切成段；香葱洗净，切成葱节。

②炒锅置旺火上，放入油烧至六成热，下入码好味的肉片与土豆丝同时爆至断生，捞出滤油。锅内留底油，下入泡椒段、蒜片炒香，再放入糟辣椒、嫩姜丝炒香并出色，下入蒜薹丝，投入爆好的肉片、土豆丝，烹入鲜汤，加酱油、盐、味精、料酒翻炒均匀，勾入水芡粉收汁并亮油，起锅装盘即成。

4）制作关键

肉片厚薄均匀；下锅爆肉片时，油温控制在六成热；肉片不能脱芡。

5）类似品种

小炒鸡杂、小炒肚片。

6）营养分析

能量460千卡，蛋白质53.31克，脂肪20.5克，碳水化合物16.6克。

任务20　青椒小河虾

1）菜品赏析

贵州盛产小河虾，小河虾肉质细嫩，蛋白质含量极高。用青椒炒小河虾，口感、味道、菜肴色泽都不错，色红鲜嫩，辣香味浓，味美爽口。青椒小河虾以主料和辅料同时体现在热菜名称里来命名，采用炒的烹调方法制作，鲜辣味型，色泽艳丽，质地酥嫩，咸鲜微辣，是佐酒佳肴。

2）菜肴原料

鲜活小河虾250克，青辣椒150克，生姜10克，大蒜5克，盐3克，花生油50克。

3）工艺流程

①选用鲜活小河虾放入清水静养2小时，待泥土吐出，淘洗干净，待用；青辣椒洗净，切成斜刀片；生姜洗净，切成姜丝；大蒜切成片。

②炒锅置旺火上，放入油烧至七成热，下入小河虾爆炒至断生并鲜红，捞出控油。

③锅内留底油，加入姜丝、蒜片炒香，放入青辣椒片略炒一下，投入爆好的河虾，烹入料酒，加入盐翻炒均匀，起锅装入盘内即成。

4）制作关键

炸小河虾时，将油温烧至七成热下锅，河虾才能达到皮酥肉嫩的效果。

5）类似品种

韭菜小河虾、椒盐小河虾。

6）营养分析

能量251千卡，蛋白质42.2克，脂肪6.45克，碳水化合物7.8克。

模块3 风味浓郁烧烩菜

任务21 黔北坨坨肉

1）菜品赏析

儿时的一碗坨坨肉，让王书泽放弃沿海的发展，弃之回乡创办皇甸园生态农牧公司。带领乡亲生态养殖募阳黑猪，做牧养升级、菜品研发和市场推广，坚持用熟食喂养年猪，用传统坨坨肉检验品质。黔北坨坨肉被中国饭店协会授予中国名菜。张乃恒诗云："黔北一碗坨坨肉，牵动心弦有乡愁。熟食养猪三百日，原汁原味意境留。"黔北坨坨肉以主料和成品形状同时体现在热菜名称里来命名，采用煮和烧的烹调方法制作，香辣味型，色泽棕红，质地熟糯，肥而不腻，入口香辣，美观大方。

2）菜肴原料

募阳黑猪五花肉800克，辣椒粉50克，姜片15克，食盐3克，酱油10克，鲜汤适量。

3）工艺流程

①将五花肉治净，切成菱形块。

②将炒锅置旺火上，放入油烧热，下入五花肉块煸炒至吐油，放入姜片、辣椒粉略炒，加入适量的鲜汤，加盐、酱油，改中小火慢慢煨烧至肉坨软熟，起锅装入盘内，撒上葱花即成。

4）制作关键

五花肉块小、火慢煸制吐油，加入鲜汤烧开，改小火煨烧。

5）类似品种

苗家红烧肉、怪噜红烧肉。

6）营养分析

能量2 855千卡，蛋白质116.4克，脂肪249.6克，碳水化合物46.5克。

任务22 怪噜红烧肉

1）菜品赏析

怪噜是贵阳美食的一种表现形式。在最初被认为是剩菜炒饭的怪噜饭的基础上，将其配料规范后，重新制作，后扩展到各种菜肴。怪噜红烧肉有两个版本：一种是分别用蹄髈和五花肉烧制不同口味的红烧肉；第二种采用多辣椒、多香料和多调料慢慢烹饪。怪噜红烧肉以地方口味和主料同时体现在热菜名称里来命名，采用煮和烧的烹调方法制作，香辣味型，色泽红亮，质地熟软，香味浓郁，味厚诱人。

2）菜肴原料

带皮五花肉400克，干蕨菜50克，熟糍粑辣椒25克，糟辣椒15克，姜片6克，蒜片6克，葱节10克，八角3克，山柰2克，桂皮2克，小茴香1克，干花椒3克，甜酒汁20克，盐6克，味精3克，白糖10克，酱油8克，陈醋12克，鲜汤200克，料酒10克，精炼油30克。

3）工艺流程

①将五花肉刮洗干净，切成5厘米见方的块；干蕨菜用温水泡发好后，切成节。

②将炒锅置旺火上，放入油烧热，投入姜片、蒜片、葱节爆香，倒入五花肉煸炒，烹入料酒，炒至肉块吐油时，下入熟糍粑辣椒、糟辣椒、八角、山柰、桂皮、小茴香、花椒。炒出香味后，再调入甜酒汁、盐、酱油、白糖和陈醋，掺入鲜汤，转用小火烧至五花肉熟软，下入蕨菜节烧入味，待汤汁浓稠时，加入味精和剩余陈醋，撒入酥黄豆，起锅装入土钵内，放在炭火上保温即成。

4）制作关键

①五花肉皮毛要去尽，火烧去皮要均匀，刮洗时不能伤破表皮。

②采用中小火长时间烧制，保证上色红亮，并保证入味和成形。

5）类似品种

土豆红烧肉、怪噜仔排。

6）营养分析

能量1 623千卡，蛋白质58.7克，脂肪134.3克，碳水化合物51.8克。

任务23　水豆豉蹄花

1）菜品赏析

蹄花，制作方式多为炖和卤制，口感极佳，但加工麻烦，因其骨硬、易剁碎、带骨渣影响口感。经历了多种口味变化后，杨波先生运用其5年内在烹饪院校学习的理论，结合多年在贵阳开店的经验，将蹄花用本地水豆豉焖制，并用香锅保温。水豆豉蹄花以主料和辅料同时体现在热菜名称里来命名，采用炖和烧的烹调方法制作，豉香味型，色泽亮丽，质地软糯，胶原味爽，豉味香浓。

2）菜肴原料

猪脚1 000克，老干妈水豆豉100克，干花椒2克，小米椒节25克，芹菜30克，姜片15克，蒜片8克，红油10克，高汤300克，盐3克，味精2克，花椒面3克，料酒10克，水芡粉15克。

3）工艺流程

①把猪脚烧至焦黑，刮洗干净，切成蹄花，下入清水锅中，加姜片、料酒，大火烧沸后，用小火炖至熟软，出锅备用；将小米椒洗净，切成短段；将芹菜洗净，切段。

②炒锅置旺火上，放入油烧热，下入姜片、蒜片、干花椒、小米椒段炒香，放入老干妈水豆豉炒出豉香味，加入熟猪蹄花，注入高汤，加盐、味精、料酒烧至入味，撒入芹菜段，勾入水芡粉收薄汁，淋入红油，起锅装入土钵内，放在炭火上保温即成。

4）制作关键

①猪蹄表面要烧尽；刮洗时，提前浸泡片刻；焯水时，血污要除尽。

②采用中小火长时间烧制，保证熟透、入味、成形。

5）类似品种

水豆豉烧仔排、豆豉辣子鸡。

6）营养分析

能量2 976千卡，蛋白质243.1克，脂肪209.5克，碳水化合物30.1克。

任务24 锅巴酸三鲜

1）菜品赏析

酸汤制作锅巴三鲜，味浓醇厚，老菜新做，口味独特。锅巴酸三鲜以主料、辅料和口味特色同时体现在热菜名称里来命名，采用烧和浇汁的烹调方法制作，酸辣味型，色泽红亮，质地熟嫩，酸爽开胃，锅巴响亮。

2）菜肴原料

熟鹌鹑蛋50克，猪肉末50克，雷公山竹笋30克，木耳15克，锅巴50克，红酸汤30克，白酸汤200克，姜6克，葱5克，盐3克，味精2克，鸡精1克，面粉10克，木姜子油1克。

3）工艺流程

①将水发好的木耳切成小块；将竹笋放入沸水锅中汆水，捞出冲凉切成段；将猪肉末放入盛器内，加姜米、盐、水芡粉搅拌调匀，制作成小肉圆子；鹌鹑蛋去壳，待用。

②炒锅置旺火上，放入油烧热，下入姜、葱、红酸汤炒香，加白酸汤烧开，再加盐、味精、面粉、木姜子油调好味，下入全部主料烧至熟透，勾入二流芡，起锅装入碗内待用。

③炒锅治净置旺火上，放入油烧至七成热，下入锅巴炸至酥脆，捞出控油，装入盘内，随酸汤三鲜上桌浇淋锅巴上即成。

4）制作关键

①锅巴选用体干、无霉点、厚薄均匀、色微黄的。

②炸锅巴的油温要控制好，过低或过高都会影响颜色和酥脆质感。炸好的锅巴不宜久放，所以一口锅烹调时，应先烹制原料的味汁。汤汁用量较多，调味要准确。

5）类似品种

三鲜烩蹄筋、响铃海参。

6）营养分析

能量1 062千卡，蛋白质65克，脂肪47.8克，碳水化合物94.1克。

任务25 野笋烧牛肉

1）菜品赏析

贵州盛产竹和笋，笋多为山笋、黑笋，干制品极多，水发后烧制牛肉是一大特色。野笋烧牛肉以主料和辅料同时体现在热菜名称里来命名，采用泡、氽和烧的烹调方法制作，家常味型，色泽红亮，质地软糯，味厚不燥，是下饭佳肴。

2）菜肴原料

鲜牛肉300克，野笋150克，红泡椒50克，山椒30克，蒜苗20克，姜30克，蒜头10克，八角5克，盐4克，味精2克，鸡精2克，白糖3克，酱油10克，料酒20克，牛油50克，鲜汤500克，红油20克。

3）工艺流程

①用淘米水浸泡野笋一天至回软，换清水冲洗干净后，切成段；鲜牛肉切成2厘米见方的块，放入沸水锅中加料酒氽水，捞出冲净，待用；红泡椒去籽，切成段；蒜苗洗净，切成马耳朵形的段，姜洗净，一半拍破，一半切成指甲片；蒜头切成一破四的小丁。

②炒锅置旺火上，放入牛油烧热，下入姜块、八角略炒出香味，投入氽好的牛肉块煸炒至表面缩紧，掺入鲜汤，加黑笋段烧沸后，调入盐，倒入高压锅内加盖，用中火压至转气8分钟离火待用。

③锅治净，放入油烧热，下入姜片、蒜丁、红泡椒段、山椒爆炒至香味，加入高压锅内的汤汁及熟牛肉块、熟笋子，择去姜块、八角，放入料酒、白糖、酱油烧至入味并将汤汁烧至微干，调入味精、鸡精，撒入蒜苗段翻炒均匀，淋入红油，起锅装盘即成。

4）制作关键

牛肉宜选黄牛的肋条肉。烧制时，先用旺火烧沸，再改用小火慢烧以免烧干汤汁。

5）类似品种

笋子烧排骨、双冬牛肉。

6）营养分析

能量435千卡，蛋白质64.5克，脂肪13.2克，碳水化合物96.5克。

任务26 薏香山羊排

1）菜品赏析

用薏仁炖山羊排，汤稠色白，添加一些薏仁粒，晶莹剔透，羊排糯软清香，佐以蘸水，美味可口。薏香山羊排以主料和辅料同时体现在热菜名称里来命名，采用煮和烧的烹调方法制作，咸鲜味型，色泽美观，质地熟软，薏仁味浓，营养丰富。

2）菜肴原料

兴仁黑山羊排 1 500 克，小白壳熟薏仁米 150 克，薏仁汁 150 克，小尖青椒 10 克，小尖红椒 10 克，姜块 10 克，葱段 10 克，自制辣椒酱 30 克，花椒 3 克，盐 6 克，味精 3 克，胡椒粉 3 克，羊 油 30 克，香 油 3 克，山泉水 1 500 克。

3）工艺流程

①羊排治净，改刀成大小一致的长方块两扇，氽透，捞出用清水冲净；小尖青椒、小尖红椒分别洗净，切成颗粒状。

②炒锅置旺火上，放入羊油烧热，爆香姜块、葱段、花椒，掺入山泉水，下入羊排，加盐调味后煮至脱骨熟软，捞出装入盘内造型，待用。

③锅内治净，放入油烧热，下入小尖青椒和小尖红椒颗粒炒香，掺入原汤，加薏仁汁、熟薏仁米、盐、胡椒粉、味精烧至入味，勾入水芡收汁，起锅浇淋在盘内熟羊排上，与自制辣椒酱味碟蘸食即成。

4）制作关键

羊排大小要均匀，烧制过程须加盖，切忌过多揭开锅盖。成菜汤汁不能过多，以汁稠亮油为宜。

5）类似品种

薏仁烧鱼、粗粮烧牛排。

6）营养分析

能 量 3 586.5 千 卡，蛋 白 质 304.2 克，脂肪 215 克，碳水化合物 106.7 克。

任务27　鸡腿烧山药

1）菜品赏析

贵州高山放养鸡的鸡腿搭配山药入菜是屯堡、旧州一道营养滋补的菜肴。经典搭配，口感特别，地域风味。鸡腿烧山药以主料和辅料同时体现在热菜名称里来命名，采用煮和烧的烹调方法制作，咸鲜味型，色泽微黄，鸡肉细嫩，山药软糯，汤鲜味美，营养滋补。

2）菜肴原料

鸡腿300克，本地优质山药500克，姜米3克，葱花10克，枸杞5克，盐3克，胡椒粉3克，料酒10克，鸡油10克，鲜汤100克。

3）工艺流程

①将鸡腿治净，切成2.5～3厘米的块，放入沸水锅中加料酒焯水，捞出用清水冲净血沫；山药刮去表皮，洗净后切成大厚片，放入清水浸泡去除黏液；枸杞用温水泡软。

②炒锅置旺火上，放入油烧热，下入姜米炝香，放入山药片、鸡块，掺入鲜汤，用中火烧至熟透，加盐、胡椒粉调味，下枸杞炒匀，起锅装入盘内，撒葱花即成。

4）制作关键

菜肴选料宜用鸡腿。鸡块焯水时间不宜过长，烧制色泽不宜过深。掌握烧制火候，注意掺汤量，且不能使用浓稠的鲜汤。

5）类似品种

黄焖鸡、太白鸡。

6）营养分析

能量828千卡，蛋白质57.5克，脂肪40克，碳水化合物62克。

任务28 荞面鸡三件

1）菜品赏析

鸡杂是贵州民间特色食材。将鸡杂和阴蛋用贵州特色调味品糍粑辣椒、泡椒等炒制成面条的配哨，是一款黔西北地区特别出名的、风味独特的美味小吃。荞面鸡三件以主料和辅料同时体现在热菜名称里来命名，采用煮和烧的烹调方法制作，香辣味型，色泽红亮，质地脆嫩，辣香浓郁，滋味浓厚。

2）菜肴原料

鸡胗 100 克，鸡肾 100 克，鸡肠 100 克，阴蛋 50 克，荞面 100 克，泡椒 30 克，山椒 15 克，芹菜段 20 克，酥黄豆 10 克，糍粑辣椒 20 克，姜片 5 克，蒜片 5 克，盐 3 克，味精 2 克，白糖 2 克，酱油 5 克，高汤 150 克。

3）工艺流程

①用盐反复搓洗鸡胗、鸡肠，并用清水冲洗干净，将鸡胗切成胗花，鸡肠切成段，将鸡肾、阴蛋洗净，再将以上鸡杂混合放入盛器内加盐、料酒码味，待用；荞面在沸水锅中煮至断生，捞出冲凉，沥干水分垫入盘内，待用。

②炒锅置旺火上，放入油烧至六成热，下入码好味的鸡杂爆至九成熟，捞出控油。锅内留底油，下入姜片、蒜片、糍粑辣椒炒香出色，放入泡椒、山椒炒香，投入鸡杂、阴蛋翻炒，掺入高汤，加盐、味精、白糖、酱油烧至入味且汤稠亮油，撒入酥黄豆、芹菜段翻炒均匀，起锅，浇淋在盘内的熟荞面上即成。

4）制作关键

主料要清洗干净，无腥味、无臭味方可使用。油温要恰当，避免温度过高，爆制过老。

5）类似品种

荞面鸭三件、泡椒三杂。

6）营养分析

能量 691 千卡，蛋白质 66.9 克，脂肪 10.7 克，碳水化合物 85 克。

任务29 夜郎枸酱鸭

1）菜品赏析

夜郎枸酱鸭选用与北京鸭、绍兴鸭、高邮麻鸭同被誉为中国四大名鸭的地方优良畜禽品种，以个小、肉质细嫩、味美鲜香、胆固醇低而闻名的贵州三穗麻鸭，同时，在贵州名菜啤酒鸭、血酱鸭、红烧鸭、香酥鸭、黄焖鸭、烤鸭、腌板鸭的基础上，添加了贵州独有的夜郎枸酱一同烧制，增加了鸭肉的脂香感，是推出后较受欢迎的一道美味佳肴。夜郎枸酱鸭以主料和辅料同时体现在热菜名称里来命名，采用烧和油浸的烹调方法制作，酱香味型，色泽亮红，质地干香，酱香独特，佐酒下饭。

2）菜肴原料

三穗麻鸭 1 只（约 750 克），夜郎枸酱 30 克，火酒（烧酒、高度白酒）20 克，老姜 20 克，大葱结 20 克，盐 20 克，酱油 10 克。

3）工艺流程

①将麻鸭宰杀、治净，用火酒、老姜、大葱结、盐、酱油腌制 20 分钟，待用。

②将腌好的鸭上笼蒸至熟透，取出冷却，砍成块，放入盛器内加夜郎枸酱搅拌入味，待用。

③炒锅置旺火上，放入油烧至五成热，下入鸭块浸炸至香脆，捞出控油，装盘即成。

4）制作关键

选用土麻鸭，腌制时间要足；酱汁要求色泽棕红，炸制时以成菜所需的要求为准。

5）类似品种

香酥鸭、油淋鸭。

6）营养分析

能量 1 809 千卡，蛋白质 116.51 克，脂肪 147.87 克，碳水化合物 3.56 克。

任务30 米豆腐花蟹

1）菜品赏析

米豆腐是贵州特色小吃，其最常见的制作方法是凉拌。米豆腐花蟹由麻婆豆腐演变而来，是米豆腐的另类制作方法。花蟹是蛋白质含量很高的海产品，两者组合成菜，在各种餐饮场合都是比较受欢迎的一道美味佳肴。米豆腐花蟹以主料和辅料同时体现在热菜名称里来命名，采用煮和烧的烹调方法制作，香辣味型，色泽鲜红，质地细嫩，家常鲜辣，地方味浓。

2）菜肴原料

米豆腐350克，红花蟹500克，泡椒100克，糍粑辣椒30克，盐2克，味精1克，鸡精3克，蒜蓉辣椒酱15克，水芡粉30克，高汤300克。

3）工艺流程

①将花蟹宰杀、洗净后切成块状；将米豆腐切成一字条。

②炒锅置旺火上，放入油烧至六成热。将花蟹块拍上均匀的干芡粉，下入油锅中爆至翻红断生，捞出控油。锅内的余油继续烧热，将米豆腐条拍上均匀的干芡粉，下入油锅中炸至表面酥脆定型，捞出控油。锅内留底油，下入泡椒、糍粑辣椒、蒜蓉辣椒酱炒至有香味，掺入高汤，投入炸好的米豆腐和花蟹，加盐、味精、鸡精烧至入味，勾入水芡收汁，起锅装盘即成。

4）制作关键

米豆腐比较嫩，下锅不能翻炒，保持米豆腐定型。

5）类似品种

麻婆豆腐烧蟹、家常烧蟹。

6）营养分析

能量769.3千卡，蛋白质76.2克，脂肪21.7克，碳水化合物68.6克。

模块4　原汁原味蒸煮炖

任务31　腊味小合蒸

1）菜品赏析

腊味小合蒸即腊味拼盘，是贵州民间最常见的传统食品，大都由腊肉、香肠、血豆腐等食材组合上笼蒸熟切片装盘而成。上桌香气四溢，味美解馋，是逢年过节，酒楼饭店，百姓家庭餐桌不可或缺的美味佳肴。腊味小合蒸以主料和辅料同时体现在热菜名称里来命名，采用烟熏、煮和蒸的烹调方法制作，腌腊味型，清香扑鼻，咸鲜味美，肥而不腻，是下酒佐餐佳肴。

2）菜肴原料

原料（按40份计）：土猪坐臀肉10千克，白豆腐1 000克，肠衣500克，肥膘肉850克，猪血500克，花椒50克，花椒粉75克，辣椒粉75克，盐450克，胡椒粉10克，鸡精15克，五香粉60克，白糖100克，小苏打10克，白酒50克，料酒100克，柏树枝、松树枝、花生壳、葵花壳适量。

3）工艺流程

①腌制腊肉。炒锅置中火上，放入50克花椒、200克盐分别干炒至烫手，倒出待凉，花椒用擀面棍滚压至碎成椒盐；将5千克无骨猪坐臀肉切成宽6 ~ 15厘米、长20 ~ 40厘米的条，用竹签在肉上扎满小眼，放入炒好的椒盐、30克五香粉、50克白糖、100克料酒均匀抹透，装入陶瓷容器内，肉皮朝下，摆放完后，上面肉皮朝上，放至阴凉处，每天翻一次，腌制10天左右。

②腌制腊肠。将肥瘦比约为3 ∶ 7的5千克猪坐臀肉去皮，切成1厘米宽、3厘米长的肉条，放入大盆内加75克花椒粉、75克辣椒粉、125克盐、10克胡椒粉、15克鸡精、15克五香粉、50克白糖、50克白酒拌匀，腌制12 ~ 24小时。

③将腌制好的猪肉条取出，用绳子串其一端挂于通风高处，晾到半干。肠衣加小苏打治净，肠头套入灌肠器口，肠尾打成结。将腌制好的肉条灌入肠衣，并不停用手往下赶肉，使其充满肠衣后，打结密封肠头。用牙签在香肠表面扎一些小孔，以利于通气。然后用线将其分段，大约15厘米一段，每段之间用线扎紧，晾到半干。

④熏制时，将猪肉条、香肠分别挂在特制的架子上，点燃柏树枝、松树枝，撒上花生壳、葵花壳，用烟熏猪肉（火不能大，以不起火苗、只冒烟为最佳，有火苗就少洒点水），熏制5 ~ 6小时即可。

⑤将白豆腐放进大盆里，用双手用力搓成细蓉后，顺一个方向搅打成泥，加入500克猪血、125克盐、15克五香粉。将850克去皮肥膘肉，切成0.7厘米粗的条。取约50克豆腐蓉，用手捏成椭圆形的坨，再将3条肥膘肉竖直对称地贴在豆腐坨上。另取约150克重的豆腐蓉包裹在外面，稍稍团紧。用这种方法将豆腐蓉全部团完，逐个放在簸箕内，放置在25 ℃的温暖处使之“收汗”，再用手捏1 ~ 2次完全成形，再逐个放在柴灶上熏烤，约20天表面呈黑色时即可。

⑥取土猪腊肉250克，土猪香肠200克，农家血豆腐1块。食用前，用温水将各主料表面洗净，上笼用旺火蒸30分钟，取出切片，装盘即成。

4）制作关键

各种腊制品一定要烟熏透并入味，腌制时间一定要足够。

5）类似品种

风香小合蒸、腊香什锦小炒。

6）营养分析

能量1 963.5千卡，蛋白质77.93克，脂肪174.4克，碳水化合物36.72克。

任务32 盐菜蒸扣肉

1）菜品赏析

盐菜蒸扣肉又称盐菜扣肉、咸烧白。盐菜蒸扣肉是贵州最常见的传统菜肴。这道菜除了选用自养猪的优质五花肉外，还选用了土家人精制的水盐菜，在制作中特别添加了甜酒汁和较多的白糖，口感香甜，肉味鲜香无比，盐菜鲜香味美，佐酒下饭皆佳。盐菜蒸扣肉以主料和辅料同时体现在热菜名称里来命名，采用煮、扣和蒸的烹调方法制作，咸酸味型，色泽棕红，质地软烂，咸鲜醇香，油而不腻。

2）菜肴原料

带皮三线猪肉300克，陈年道菜150克，干辣椒2根，干豆豉8克，盐2克，酱油5克，糖色30克。

3）工艺流程

①将陈年道菜切成长1厘米的段，加鲜汤入笼蒸1小时；将干辣椒切成长3厘米的段。

②将带皮三线猪肉用烧红的烙铁烙净毛，刮洗干净，放入冷水锅中用大火烧沸，转小火煮至断生，捞出，趁热在肉皮表面抹上糖色，下入七成油温的油锅内炸制。待皮层起皱，呈棕红色捞出，放回热汤中浸至皮回软，切成约10厘米 ×3厘米 ×0.4厘米的片，肉皮向下排放装入蒸碗内，填装陈年道菜，表面放干辣椒节、干豆豉，加入酱油、糖色、盐，上笼蒸至肉质熟软，取出扣入盘内即成。

4）制作关键

煮肉以断生为度。涂抹糖色均匀，以免跑皮（炸）制后皮面起花斑。用旺火长时间蒸制，蒸锅内水量要充足。肉片要足够长，厚薄要均匀。

5）类似品种

盐酸菜泡皮肉、道菜扣肉。

6）营养分析

能量1 056.9千卡，蛋白质43.8克，脂肪92.4克，碳水化合物13.7克。

任务33 西米小仔排

1）菜品赏析

西米小仔排融粉蒸排骨、糯米排骨和酱香排骨于一体，味道鲜美。西米小仔排以主料和辅料同时体现在热菜名称里来命名，采用腌和蒸的烹调方法制作，咸鲜味型，晶莹透亮，沥骨化渣，酱香味浓，美观大方。

2）菜肴原料

仔排500克，西米60克，盐5克，老姜15克，大葱15克，葱花10克，古夜郎枸酱5克，料酒20克。

3）工艺流程

①把排骨洗净后，砍成5厘米的段，放入盛器内，加盐、老姜、大葱、料酒、古夜郎枸酱拌匀，腌30分钟。用冷水浸泡西米1小时。

②仔排滚上西米，上笼大火蒸至熟透，出笼撒上葱花即成。

4）制作关键

不宜选用加工得过细的西米，泡制时间要足，方便蒸制熟透。仔排拌味时，加熟西米拌后需静放入味。旺火沸水长时间蒸，要随时观察，并加水，避免干锅影响成菜风味。

5）类似品种

珍珠圆子、绣球排骨。

6）营养分析

能量1 390千卡，蛋白质83.5克，脂肪115.5克，碳水化合物3.5克。

任务34 黔厨扣蹄髈

1）菜品赏析

整个蹄髈色泽棕红油亮，外形完整无缺，用刀切开后，肉嫩质细。热吃酥而不烂，看似浓油，实则肥少瘦多，入口不腻，香气四溢，咸里透甜。黔厨扣蹄髈以制作人和主料同时体现在热菜名称里来命名，采用煮、扣和蒸的烹调方法制作，咸鲜味型，皮色棕红，质地软糯，咸甜酸辣，口感鲜美，肥而不腻，成菜美观。

2）菜肴原料

猪前蹄髈1个（约1 000克），薏仁米200克，白果20克，红豆30克，菜心10棵，酥核桃仁10克，酥花生仁10克，鲜花椒10克，盐4克，白糖5克，冰糖10克，蜂蜜汁15克，甜酒汁10克，化猪油1 500克。

3）工艺流程

①分别将薏仁米、白果、红豆洗净，用清水浸泡12小时以上。用燎火将蹄髈表皮烧尽绒毛至焦黑，洗净后放入沸水锅中煮10分钟，捞出控水，趁热快速抹上蜂蜜汁，自然晾凉、晾干，在表皮剞上十字花刀。将菜心洗净，修圆，待用。

②炒锅置旺火上，放入1 500克化猪油烧至六成热，投入上好色的蹄髈浸炸至去掉大部分脂肪，表皮呈棕红色为佳，捞出控油，放入温水中冲去多余的油脂，控水。将浸泡好的薏仁米、白果、红豆分别控水，混合装入盛器内，加酥核桃仁、酥花生仁、鲜花椒、盐、白糖、冰糖、甜酒汁搅拌均匀，做成馅料。

③将炸好的蹄髈去大骨，肉皮朝下铺平，填入馅料，卷起扣入专用的圆形盛器内，上笼蒸5小时至软糯，取出装入盘内，将圆形盛器取出，围上焯好水的菜心，上桌时，配煳辣椒蘸水即成。

4）制作关键

猪蹄皮毛要去尽，火烧去皮要均匀，刮洗时不能伤破蹄皮。焯水时，血污要除尽。长时间煨蒸制，保证上色、入味及成形。

5）类似品种

酸菜蒸蹄髈、红枣煨肘。

6）营养分析

能量3 486.2千卡，蛋白质260.3克，脂肪195克，碳水化合物175.7克。

任务35 糟椒蒸鱼头

1）菜品赏析

据传，清朝时期，仡佬族的一个土司，在一佃户家里见佃户儿子从池塘捕回一条河鱼，女主人就在鱼头中放盐，并用来煮汤，然后将剁碎的辣椒腌制成糟辣椒加进去同煮，味道非常鲜美。后来，他让家里厨师加以改良蒸制鱼头，便有了今天的“糟椒蒸鱼头”。糟椒蒸鱼头以主料和辅料同时体现在热菜名称里来命名，采用蒸的烹调方法制作，糟辣味型，色泽红亮，质地细嫩，糟辣浓郁。

2）菜肴原料

胖鱼头 1 个（约 1 000 克），糟辣椒 100 克，姜 10 克，葱 8 克，料酒 15 克，茶油 8 克，红油 10 克。

3）工艺流程

①将鱼头洗净，去鳃，去鳞，从鱼唇正中一剖为二。将姜、葱、料酒拌在鱼头上，腌制 10 分钟。将糟辣椒剁成细蓉，浇淋在鱼头上。

②在盘底放几片生姜，放上鱼头，上笼大火蒸 12 分钟，出锅；撒葱花，浇烧熟的茶油、红油，再上笼蒸 2 ~ 3 分钟，取出撒上葱花即成。

4）制作关键

加工时，不伤鱼鳃盖。蒸制时间不宜过长，以 12 分钟为佳。

5）类似品种

剁椒鱼头、三椒蒸草鱼。

6）营养分析

能量1 040千卡，蛋白质154.4克，脂肪22.5克，碳水化合物57.8克。

任务36 古法盗汗鸡

1）菜品赏析

盗汗鸡注册商标持有人张智勇先生，传承祖上中医世家的汗蒸汗凝的技法制作而成，获诸多殊荣。古法盗汗鸡可治疗阴虚之症“盗汗”，营养丰富，富含高蛋白且脂肪含量低，易消化，有益五脏，可益气养血、补精填髓，可健脾胃、补虚亏，可强筋、健骨、美容，还可提高免疫能力。古法盗汗鸡以器皿和主料同时体现在热菜名称里来命名，采用蒸的烹调方法制作，咸鲜味型，汤色油黄，肉质细嫩，鲜香味美，营养滋补，老少皆宜。

2）菜肴原料

放养矮脚土鸡1只（约1 650克），大枣3克，枸杞1克，细辛5克，山楂2克，党参3克，桃仁5克，老姜10克，大葱15克，料酒15克，盐15克。

3）工艺流程

①将土鸡宰杀，治净，加老姜、大葱、料酒在沸水锅中氽水，取出放进蒸钵里，加入党参、大枣、枸杞、细辛、山楂、桃仁，将蒸钵套在外套上。

②将蒸钵放入火上烧沸水的锅内，保持底锅沸水漫过盗汗锅底部。将大盖盖上，加冰块或者冷水在大盖顶锅里。同时，在蒸锅蒸制过程中保持天锅水，蒸4 ~ 6小时锅内蒸馏水淹过鸡，往汤里调入盐，就可以先喝汤，再吃鸡。

4）制作关键

蒸炖过程中，天锅中的水变热后，要及时将热水换入水锅内，然后再加入冷水。

5）类似品种

盗汗双飞、正气汤。

6）营养分析

能量1 572.5千卡，蛋白质318.5克，脂肪155.1克，碳水化合物21.45克。

任务37 阴苞谷猪脚

1）菜品赏析

阴苞谷猪脚是绥阳特产。将家庭自制的鲜糯苞谷蒸熟，自然阴干，与胶质浓厚的猪脚，用金城老窑盗汗锅，采用蒸的方式成菜。阴苞谷猪脚以主料和辅料同时体现在热菜名称里来命名，采用蒸的烹调方法制作，咸鲜味型，色泽鲜明，质地糯香，皮软爽滑，汤味醇厚，营养丰富。

2）菜肴原料

黑猪猪脚1只（约1 500克），阴苞谷250克，姜块25克，食盐4克。

3）工艺流程

①将猪脚治净，砍成块，放入沸水锅中加料酒汆水，捞出用清水冲净。用温水将阴苞谷浸泡至透，用清水淘洗一下。

②将猪脚块、阴苞谷放入盗汗锅内，加姜块，不加水，上水锅中蒸8小时，待外锅冒出的蒸汽通过盗汗锅上升，遇到天锅上的冷水后凝固的“蒸馏水”汤汁快满锅边时，调入食盐，使其有淡淡的咸味即可。

4）制作关键

蒸炖过程中，天锅中的水变热后，要及时将热水换入水锅内，再注入冷水。

5）类似品种

盗汗阴苞谷腊猪脚、盗汗海陆空。

6）营养分析

能量4 780千卡，蛋白质361克，脂肪291.5克，碳水化合物186.75克。

任务38　草根排骨汤

1）菜品赏析

韭菜属百合科多年生宿根蔬菜。韭菜的根、茎、叶、花均可食用。可以说，韭菜全身都是宝。而韭菜根味辛、性温，入肝、胃、肾经，有温中开胃、行气活血、补肾助阳、散瘀的功效。来自黔东南深山的腌制韭菜根与排骨同炖，香味四溢，排骨细嫩。草根排骨汤以主料和辅料同时体现在热菜名称里来命名，采用煮和炖的烹调方法制作，咸鲜味型，色泽清爽，质地细嫩，香味四溢，强身健体。

2）菜肴原料

猪净仔排 800 克，苗族腌制韭菜根 100 克，老姜 20 克，盐 5 克。

3）工艺流程

①选用来自深山的苗族腌制韭菜根，用清水浸泡片刻。将仔排砍成 5 厘米长的段，放入清水中漂净血水。

②汤锅置火上，注入清水，投入仔排段，烧沸后，打去浮沫，加老姜、苗族腌制韭菜根，改文火炖 1 小时，调入盐即成。

4）制作关键

①仔排一定要漂净血水，不能氽水，氽水后的仔排炖出来鲜味不足。

②炖仔排时不能放盐，否则鲜味出不来。

③炖汤时一定要用文火，否则炖出来的汤不清。

5）类似品种

双花仔排汤、花生黄豆仔排汤。

6）营养分析

能量 2 253 千卡，蛋白质 136 克，脂肪 185.2 克，碳水化合物 10.2 克。

任务39　苗家酸汤菜

1）菜品赏析

到了贵州，不吃酸汤鱼等于没到贵州。说到酸汤，不得不提到凯里酸汤。到凯里，不得不吃酸汤鱼和酸汤。“一天不吃酸，哈欠连连口又干；两天不吃酸，饭菜不想沾，三天不吃酸，走路打孬蹿（形容走路无力）；一天一碗酸，体壮爬高山；一天两碗酸，长寿比南山。”苗家酸汤菜以民族风味和口味同时体现在热菜名称里来命名，采用煮的烹调方法制作，酸鲜味型，健胃消食，清热消暑，清凉爽口。

2）菜肴原料

清米酸汤 1 000 克，莲花白 100 克，白菜 100 克，桃菜 50 克，黄豆芽 50 克，青椒 30 克，西红柿 30 克，木姜子、姜、葱、葱花、盐、味精、煳辣椒面等适量。

3）工艺流程

①将各种鲜蔬洗净，用手撕成小块。

②将煳辣椒面、盐、味精、葱花调配成味碟。

③锅上火，注入清米酸汤，煮沸后下姜、蒜、各种鲜蔬、木姜子、青椒、西红柿煮熟，加入盐、味精、葱等。可直接食用，也可配蘸水食用。可热食，也可凉食，凉食口味更佳。

4）制作关键

酸汤的调制要准确，煮素酸汤切忌放油，放油会影响酸汤口感。以自然冷却后食用为佳。

5）类似品种

酸汤牛肉、酸汤猪脚。

6）营养分析

能量 1 677.5 千卡，蛋白质 163.4 克，脂肪 17.2 克，碳水化合物 213.3 克。

任务40 蘸水素瓜豆

1）菜品赏析

在贵州，蘸水素瓜豆是看似简单无比，实则非常讲究制作工艺的家喻户晓的汤菜。一是用手拍破鲜嫩的南瓜；二是用煮瓜豆的原汤去调兑连酱油都未曾添加的素辣椒蘸水，原汁原味，煳香浓郁。蘸水素瓜豆以主料和辅料同时体现在热菜名称里来命名，采用拍和煮的方法制作，香辣味型，菜肴鲜嫩清爽，瓜甜豆嫩，蘸水清香辅味，消热解暑。

2）菜肴原料

小嫩瓜200克，嫩四季豆或棒豆200克，葱花、盐、味精、煳辣椒面等适量。

3）工艺流程

①将鲜四季豆摘去老筋，分成4 ~ 5厘米长段。将小嫩瓜打破，掰成小块。

②汤锅加清水烧沸，先下四季豆煮至断生，再放入小嫩瓜块一起煮至熟透，用大汤碗盛出，冷却后上桌。

③用葱花、盐、味精、煳辣椒面、酱油制成蘸水即成。

4）制作关键

制作全过程忌用铁具，不用刀具，不用铁锅。

5）类似品种

素煮白菜汤、素煮田七菜。

6）营养分析

能量100千卡，蛋白质5.6克，脂肪1.2克，碳水化合物19克。

项目4 火锅干锅和烙锅

教学名称： 火锅干锅和烙锅

教学内容： 贵州火锅制作

教学要求： ①让学生了解贵州火锅干锅和烙锅的品种。

②让学生赏析贵州火锅干锅和烙锅的特色。

③让学生学习和试做贵州火锅干锅和烙锅。

④让学生举一反三应用贵州火锅干锅和烙锅。

课后拓展： 让学生课后撰写一篇贵州火锅干锅和烙锅的学习心得，并通过网络、图书等多种渠道查阅贵州火锅干锅和烙锅的品种及应用，并按照自己的方式思考、分类和归纳。

西南腹地贵州，从海拔147.8米到2 900.6米。风格迥异是贵州菜一锅香的典型特征。不分春夏秋冬，人们总喜欢围炉而坐，边煮边食，众多菜肴变火锅。

贵州火锅干锅和烙锅可以单吃，可以混吃，越吃越香。这种吃法在少数民族地区尤为盛行，宴席多采用一锅香。

模块1　酸汤火锅醉贵州

任务1　白酸稻田鱼

1）火锅赏析

原始酸汤基本上都用米汤制作。现在使用的红酸汤是用糟辣椒、西红柿等与白酸汤勾兑制成。苗乡村寨百岁老寿星就是天天吃自己酿制的酸汤。白酸稻田鱼以味型、调料和主料同时体现在火锅名称里来命名，采用煮的烹调方法制作，酸鲜味型，粉白汤色，汤鲜肉香，味醇厚，辣中带微酸。

2）火锅原料

稻田鱼1 500克，清米白酸汤2 500克，青线椒30克，西红柿50克，黄豆芽100克，姜片8克，姜米3克，蒜米5克，香葱10克，葱花3克，香菜5克，煳辣椒面25克，盐6克，花椒粉2克，木姜子油2克，熟猪油30克。

3）工艺流程

①将鲜活稻田鱼用清水喂养1～2天后，在鱼鳃第三片鱼鳞处横划一刀，取出苦胆，不刮鱼鳞，洗净。将青线椒、香葱、香菜洗净，切成段。

②按人数取出小碗，分别放入煳辣椒面、花椒粉、姜米、蒜米、盐、木姜子油、葱花兑成煳辣椒蘸水。

③将炒锅置旺火上，掺入清米白酸汤烧开，放入青线椒、西红柿、姜片稍煮，加盐调好味，投入稻田鱼煮至刚熟，起锅盛入垫有黄豆芽的火锅盆内，淋入熟猪油，撒入香菜段、香葱段，上桌开火，配上煳辣椒蘸水即成。

4）制作关键

选用鲜活稻田鱼，宰杀时，卡住鱼鳃，在鱼鳃与鱼身处割一刀，取出内脏。

5）类似品种

白酸什锦锅、白酸牛肉锅。

6）营养分析

能量5 723千卡，蛋白质664.2克，脂肪103.3克，碳水化合物522.8克。

任务2 酸汤鱼火锅

1）火锅赏析

红酸即毛辣角酸。毛辣角酸的酸味醇厚，色淡红而清香，通常是用新鲜毛辣角（即野生西红柿，无野生西红柿时，可用种植的西红柿代替）洗净，放入泡菜桶（坛子）中，再加入仔姜、大蒜、红辣椒、盐、糯米粉及白酒，灌满桶（坛子）沿水加盖放置15天后即可取用。使用时，将桶（坛子）中的固体原料剁碎或用搅拌机绞成蓉泥即可。酸汤鱼火锅以味型、调料和主料同时体现在火锅名称里来命名，采用煮的烹调方法制作，酸鲜味型，汤汁红亮，肉质细嫩，酸鲜爽口，风味独特。

2）火锅原料

活鱼1条（约1 100克），清亮毛辣角酸汤3 000克，白菜100克，莴笋60克，野菜80克，豆芽50克，豆腐80克，血旺50克，香菇50克，苕粉50克，土豆50克，蒜苗30克，香菜30克，桄菜30克，韭菜30克，花椒10克，煳辣椒面60克，木姜子10克，姜10克，葱花25克，盐10克。

3）工艺流程

①将活鱼用清水喂养1～2天，从鳃后第三片鳞处划一刀，取出鱼胆。

②将煳辣椒面、木姜子、姜、葱花、盐、酸汤兑成蘸水。

③净锅置火上，下清亮毛辣角酸汤烧沸，下入鱼、桄菜、韭菜、花椒，待鱼鳞翻起时，起锅装入火锅内。上桌时，配各式各样的蔬菜及煳辣椒蘸水即成。

4）制作关键

①酸汤一定严格按要求制作，不能像一些不懂得酸汤配制的人用糟辣椒、西红柿、白醋、柠檬酸滥制酸汤，这样的酸汤不仅没有醇浓的酸香味，还有辣口、越吃越酸的感觉。

②原料要新鲜才能突出酸汤的纯正和特色。

5）类似品种

红酸汤肥肠、红酸汤蹄花。

6）营养分析

能量2 519千卡，蛋白质256.6克，脂肪90.1克，碳水化合物170.5克。

任务3 酸菜稻田鱼

1）火锅赏析

在黔东南，说到美食，很多人首先想到的就是用稻田鱼制作的酸汤鱼火锅。殊不知，煮鱼除了可以用纯酸汤，还可以用酸菜调成汤煮。所谓稻田鱼，是在稻田里，食用过水稻稻花的鲤鱼，它们不用饲料养殖，成长全凭吸收大自然的营养，是原生态的鱼种。每年秋冬季节，黔东南地区的人会自制酸菜，存放在土坛子里发酵，略带酸、甜、咸、微辣，回味无穷。要煮鱼时，用酸菜煮制即可。酸菜稻田鱼以主料和调料同时体现在火锅名称里来命名，采用炸、煮的烹调方法制作，酸菜味型，色泽清亮，鱼肉酥脆，酸味醇正，口感层次分明。

2）火锅原料

稻田鱼5条（约1 500克），酸菜500克，黄豆芽100克，青线椒150克，小尖红椒50克，姜片30克，蒜片15克，蒜米30克，香葱10克，葱花6克，香菜段5克，青花椒20克，盐4克，白糖3克，胡椒粉2克，生抽50克，料酒25克，熟猪油150克，鲜汤2 000克。

3）工艺流程

①将稻田鱼宰杀治净，用盐、料酒码味片刻；酸菜洗净，切成片；青线椒洗净，切成段；小尖红椒洗净，切成颗粒状；香葱洗净，挽成结。

②按人数取小碗放入小尖红椒粒、蒜米、生抽、香菜段、葱花兑成尖椒蘸水。

③炒锅置旺火上，放入油烧至六成热，下入码好味的鱼炸至表面酥脆，控油。锅内放入熟猪油烧热，下入酸菜、姜片、蒜片、青花椒、青线椒段炒香，掺入鲜汤烧沸，投入炸好的鱼，加盐、白糖、胡椒粉调好味，起锅装入垫有黄豆芽火锅内，撒入香葱结、香菜段，随尖椒蘸水上桌开火即成。

4）制作关键

①杀鱼时，注意不要划伤手，码味时间一定要足；油炸时，避免炸制焦煳，表面酥脆为好。

②酸菜以选用本土酸菜为好，炒制一定要炒出香味，汤汁最好使用鲜汤。

5）类似品种

酸菜鱼火锅、酸菜鸡火锅。

6）营养分析

能量1 668千卡，蛋白质265.2克，脂肪62克，碳水化合物15.3克。

任务4 酸汤墨鱼仔

1）火锅赏析

在贵州，用酸汤烹饪火锅的原料很多，就连生猛海鲜“墨鱼仔”也成了酸汤火锅的原料。一经推出，就成为备受欢迎的美味佳肴之一。酸汤墨鱼仔以主料和调料同时体现在火锅名称里来命名，采用焯、煮的烹调方法制作，酸辣味型，汤色红润，质地脆嫩，酸鲜味美，蘸辣爽口。

2）火锅原料

鲜墨鱼仔600克，红酸汤1 000克，猪油100克，姜片25克，时令菜蔬4盘，盐、姜、蒜泥、葱、木姜子、胡椒粉、料酒、花椒粉、味精、煳辣椒面适量。

3）工艺流程

①将墨鱼仔治净，下入沸水锅中，加料酒、葱、姜、墨鱼仔焯水，捞出用清水冲净，装盘。

②炒锅置旺火上，放入猪油烧热，下入姜炒香，掺入红酸汤，加盐、味精、胡椒粉、木姜子调好味，带火上桌。

③按人数取小碗，分别放入盐、姜、蒜泥、香菜、葱、胡椒粉、花椒粉、味精、煳辣椒面配制成特色蘸水，上桌下墨鱼仔和时令蔬菜烫煮蘸食。

4）制作关键

①墨鱼仔码味时，可加入少量醋，能更好地去掉腥味。

②墨鱼仔在锅中受热时间不宜长，上桌后不能一次性下锅，最好分次下锅，以确保嫩脆质感。

5）类似品种

酸汤鱿鱼火锅、酸汤毛肚火锅。

6）营养分析

能量1 840千卡，蛋白112.4克，脂肪120.2克，碳水化合物76.5克。

任务5 乡村一锅香

1）火锅赏析

一锅香即刨汤肉，又名杀猪饭，每逢春节前（腊月间）在云贵川等地，家家户户都会杀年猪，迎接春节的到来。每家杀年猪时，都会邀请亲朋好友、邻里乡亲前来帮忙。名为帮忙，实为请客共享杀过年猪的喜庆。将刚宰杀的猪肉、肉杂做成可口的菜肴招待大家，也就是常说的刨汤肉、杀猪饭。乡村一锅香以成品呈现形式体现在火锅名称里来命名，采用炒和煮的烹调方法制作，酸辣味型，色泽红亮，肉杂细嫩，肉香浓郁，酸辣可口。

2）火锅原料

肥瘦猪肉600克，熟排骨300克，猪杂400克（肠、肝、心、舌、肺），猪血200克，姜片25克，蒜瓣50克，芹菜段30克，香葱段5克，香菜段3克，葱花5克，酸辣椒100克，煳辣椒面50克，盐8克，味精2克，花椒面5克，胡椒粉5克，酱油15克，陈醋3克，甜酒汁10克，米酒10克，木姜子油10克，肉汤600克，熟猪油50克。

3）工艺流程

①将农家土猪肉切成片，放入盛器内，加盐、米酒搅拌腌制片刻；猪杂分别刮洗干净，放入沸水锅中加米酒焯水、冲净，放入汤锅中注入清水煮熟，取出切片；猪血放入沸水锅中焯水凝固，捞出用清水冲凉，控水，切成厚片；酸辣子去蒂，切成段。

②炭炉生火，上铁锅放入熟猪油烧热，下入腌制好的猪肉片煸炒至断生；下入酸辣椒、姜片、蒜瓣炒至有香味，投入熟排骨、熟猪杂翻炒均匀，掺入肉汤；放入猪血片，加盐、胡椒粉、酱油、陈醋、甜酒汁烧至入味；下入香葱段、芹菜段炒匀，撒入香菜段即成。

③取一碗置于锅中间，放入盐、煳辣椒面、花椒面、酱油、味精、葱花，根据食者口味放入木姜子油，舀一些汤作蘸料，即可开始烫食新鲜时蔬。

4）制作关键

注意用料搭配和原料的新鲜度。

5）类似品种

酸汤一锅香、干锅杂烩。

6）营养分析

能量3 574千卡，蛋白质193.7克，脂肪299.9克，碳水化合物25.1克。

任务6 酸汤老烟刀

1）火锅赏析

老烟刀是把猪肉、豆腐、猪血、肠衣制作成腊肉、香肠、血豆腐，再经烟熏制成半成品，食用时，蒸熟切片组合装成拼盘。老烟刀也可制作火锅，是各种餐饮场合不可缺少的美味下酒菜肴之一。酸汤老烟刀以主料与调料同时体现在火锅名称里来命名，采用煮的烹调方法制作，酸鲜味型，色泽红艳，质地熟嫩，烟熏味浓，酸汤鲜辣，开胃一绝。

2）火锅原料

烟熏老腊肉300克，烟熏血豆腐200克，红辣酸汤1 500克，黄豆芽50克，西红柿50克，美人椒30克，木姜子15克，蒜瓣15克，姜片10克，香葱段10克，盐5克。

3）工艺流程

①把烟熏老腊肉用烧红、烧透的铁棍烙透皮子，刮洗干净，切成厚薄均匀的片；烟熏血豆腐洗净，切成半月片；美人椒洗净，切成段；木姜子用刀拍破。

②炒锅置旺火上，放入油烧热，投入姜片、蒜瓣炒香后，掺入红酸汤，下入木姜子、美人椒段、西红柿、腊肉片、血豆腐片煮沸，调入盐，起锅倒入垫有黄豆芽的火锅内，撒上香葱段，上桌开火即成。

4）制作关键

腊肉最好用半肥半瘦的肉，皮一定要煮熟、煮软。血豆腐表面灰尘要清洁干净，注意刀工，不宜破坏。

5）类似品种

清汤腊味火锅、麻辣腊味火锅。

6）营养分析

能量2 849千卡，蛋白质83克，脂肪235.4克，碳水化合物100克。

任务7 酸汤全牛锅

料酒50克。

3）工艺流程

①把牛筒子骨敲断，与需熟制的原料一同入沸水锅中，加老姜、料酒焯水，捞出冲净，控水，放入炖锅内，加入清水，置旺火上烧沸。再用小火炖煮，根据原料性质分批取出晾凉，同生食原料分别切配装盘，锅中骨汤继续熬制。

②按人数取小碗，分别放碎小米辣、盐、酱油、葱花、香菜兑成火锅辣椒蘸水。

③炒锅置旺火上，放入油烧热，炒香糟辣椒、西红柿酸酱，掺入牛骨汤，熬制成酸汤锅底，带火上桌，配生熟各异的全牛杂，蘸水即成。

1）火锅赏析

黔西南风味酸汤多为毛辣角酸酱和糟辣椒混合，用来煮食生牛肉、熟牛杂的全牛火锅。这款酸汤全牛火锅，由大厨岑洪文亲自采买、加工制作酸汤，并精心保管，一年四季味道不变；牛肉多是整头宰杀或采购，牛肉、牛杂分别切片或煮制改刀，可谓用心制作的食物最美味。酸汤全牛锅以主料与调料同时体现在火锅名称里来命名，采用煮的烹调方法制作，酸辣味型，酸汤醇正，肉杂齐全，味道鲜美，营养丰富，风味独特。

2）火锅原料

牛黄喉、毛肚、牛尾、牛鞭、牛肾、牛肚、牛肠、牛黄金、牛脑花、鲜蔬各200克，牛筒子骨1根，西红柿酸酱300克，糟辣椒200克，老姜50克，香菜5克，葱花3克，碎小米辣30克，盐5克，酱油5克，

4）制作关键

炖牛杂时，火不能太大，保持汤清。调制酸汤，酸味一定要正。

5）类似品种

特色牛杂火锅、牛肉汤锅。

6）营养分析

能量3 165千卡，蛋白质215.5克，脂肪239.8克，碳水化合物41.7克。

任务8 酸汤农夫鸭

1）火锅赏析

黔东南下司鸭是麻江地区特有的禽类品种。其鸭肉味美，汤汁更加鲜美。食用下司鸭是当地的传统食俗。下司鸭适于烧、炸、炒、蒸、卤入菜，干锅以及火锅即为一种特别美味的呈现方式。酸汤农夫鸭以主料与调料同时体现在火锅名称里来命名，采用炖和煮的烹调方法制作，酸鲜味型，色泽红亮，肉质软糯，酸鲜可口，滋阴开胃，味美汤鲜。

2）火锅原料

下司鸭1只（约2 000克），红酸汤1 000克，姜片10克，木姜子花5克，小米椒10克，西红柿10克，盐10克，味精3克，木姜子10克，米酒10克。

3）工艺流程

①将下司鸭宰杀治净，用米酒、盐、木姜子腌制12小时，取出在通风处风干24小时。

②将鸭肉下入红酸汤锅中，小火煮约40分钟至全熟，取出剁成小块。

③另起锅入油，放入姜片炒香，加入鸭块、小米椒、西红柿，倒入新式红酸汤，调入木姜子花、盐、味精烧至入味即成。

4）制作关键

鸭宰杀后，用稻草烧净雏毛。用中火炒出香，焖煮至熟透，再调制酸汤入味。

5）类似品种

酸萝卜炖鸭、土司将军鸭。

6）营养分析

能量5 240千卡，蛋白质331克，脂肪409克，碳水化合物59克。

任务9 软哨豆米锅

1）火锅赏析

软哨豆米锅是一道地道的贵州火锅。软哨是相对脆哨而言的佐餐食品，也是近年来用得最多的贵州小吃配哨。软哨粉面，大多选用瘦肉比例较高的五花肉或净瘦肉洗净切大丁，入锅加盐、甜酒汁（四川称醪糟）炒转，翻炒去油，洒水追余油，用酱油、醋旺火炼炸，将肉丁制成色泽褐黄、绵韧干香、咸鲜适口的哨子，深受老百姓喜爱。软哨豆米锅以主料与辅料同时体现在火锅名称里来命名，采用煮的烹调方法制作，酸鲜味型，汤色棕暗，豆浓味香，粉质细腻，软哨化渣不腻，回味无穷，蘸水特别。

2）火锅原料

五花肉500克，四季豆米（芸豆）750克，西红柿100克，蒜苗段10克，筒子骨500克，八角2个，干辣椒20克，盐9克，白糖5克，老姜30克，大葱20克，砂仁2克，蒜末5克，料酒40克。

3）工艺流程

①把筒子骨放入沸水锅氽透后，加5千克清水，加入老姜、大葱、料酒，先用大火烧开，改小火熬至汤成乳白色，备用。将干四季豆米用温开水浸泡12小时，中途可换3次水，控干水入高压锅，加清水压1小时，至粉糯而不烂，控干水分，备用。

②将五花肉切成筷子条厚，爆炒至肉呈金黄色，沥油捞出锅留底油，烧热后将八角、砂仁、干辣椒炒香后，放入蒜米炒香，取一半豆米炒成蓉状，越细越好，加原汤调好味。

③将另一半熟豆米放入火锅中，加西红柿、蒜苗段，放入炸好的五花肉，上桌开火，配上风味辣椒蘸水即成。

4）制作关键

在烹调四季豆米时，必须彻底煮熟、焖透，方能粉腻化渣，鲜美味厚。

5）类似品种

豆米腊肉火锅、酸菜豆米风肉火锅。

6）营养分析

能量4 214千卡，蛋白质242克，脂肪195克，碳水化合物371克。

任务10 市井酸辣烫

1）火锅赏析

市井酸辣烫是贵州的一种特色火锅。它形似流行于四川的麻辣烫，但口味有所不同。市井酸辣烫取贵州苗家酸汤调制底料，再将各类荤素原料用竹签串好，任由客人随意取拿，是一道别具风味的佳肴。清水烫、酸辣烫、麻辣烫，遍布贵阳大街小巷，以其简单、美味、实惠深受各个年龄阶段食客的喜爱。市井酸辣烫以人文与地方美食同时体现在火锅名称里来命名，采用烫和煮的烹调方法制作，酸辣味型，汤色橘红，食材随意，味道醇厚，酸辣开胃，干蘸爽口。

2）火锅原料

苗家酸汤500克，煳辣椒面100克，盐、味精、鸡精、白醋、姜片、蒜片、木姜子油、化猪油以及荤素原料各适量。

3）工艺流程

①先将各类荤素原料择洗干净，体形大的改刀，体形小的直接用竹签串好。

②锅上火下化猪油烧热，投入姜蒜片炸香，倒入苗家酸汤及鲜汤烧沸，撇尽浮沫，调入盐、味精、鸡精、白醋、木姜子油等，随麻辣味碟一起上火锅桌。用竹签串好的各类原料由食客拿取，放入锅中烫熟，蘸麻辣椒味碟即可食用。

4）制作关键

竹签要清洗干净，食材要新鲜，串菜时要均匀，不宜过多。

5）类似品种

清水烫、麻辣烫。

6）营养分析

能量564千卡，蛋白质27.1克，脂肪20.2克，碳水化合物67.2克。

模块2 清汤火锅美蘸水

任务11 温泉跳水肉

1）火锅赏析

好肉才敢白水煮，募阳黑猪加温泉水和山上的金银花、鲜花椒等食药两用的香料煮熟，猪肉细腻化渣，入口舒爽，肉香浓郁。温泉跳水肉以地方取材与主料同时体现在火锅名称里来命名，采用烫的烹调方法制作，多种味型，色泽清爽，质地鲜嫩、味美爽口，8秒烫熟。

2）火锅原料

黑猪三线五花肉500克，金银花3克，青花椒5克，当地温泉水3 000克，四味辣椒蘸水各1个。

3）工艺流程

①将五花肉治净，切成薄片，装入盘内整齐摆放好。

②取一个陶瓷砂锅注入温泉水，加金银花、青花椒烧沸，放入肉片煮熟，配四味辣椒蘸水即成。

4）制作关键

砂锅内的水必须使用温泉水，除了金银花和青花椒，不能放任何调料。要先烧沸，方可烫食。

5）类似品种

温泉跳水兔、温泉跳水牛肉。

6）营养分析

能量1 745千卡，蛋白质38.5克，脂肪176.5克，碳水化合物0克。

任务12 家常清汤锅

1）火锅赏析

家常清汤锅是非常接地气的一道家庭火锅，深受老百姓喜爱。家常清汤锅以形式与盛器同时体现在火锅名称里来命名，采用煮的烹调方法制作，多种味型，色泽自然，质地脆嫩，汤浓味香，开胃爽口，增加食欲。

2）火锅原料

熟豆米400克，油渣300克，风肉300克，黄豆芽80克，土豆100克，莲花白100克，豆腐100克，大白菜100克，莴笋尖100克，芹菜50克，豆米汤700克，盐5克，味精3克，胡椒粉1克，熟猪油20克，香葱段15克。

3）工艺流程

①将风肉洗净，切成大片；土豆去皮，洗净后切成大片；莲花白、大白菜、莴笋尖分别洗净，撕成片状；芹菜洗净，切成段；豆腐切成片；黄豆芽洗净，放入火锅内垫底；依次把原料整齐地排放在火锅内。

②炒锅置火上，放入油烧热，炒香姜片，下入熟豆米煸炒至有香味，掺入豆米汤，烧沸；用盐、味精、胡椒粉调味，起锅倒入火锅内的垫底上，撒上香葱段，放在火锅桌上，带配菜及辣椒蘸水即成。

4）制作关键

原料要新鲜，切时大小、厚薄一致。

5）类似品种

家常糟辣锅、家常麻辣锅。

6）营养分析

能量4 089.6千卡，蛋白质161.4克，脂肪261.3克，碳水化合物290.7克。

任务13　肉圆连渣闹

1）火锅赏析

连渣闹又名菜豆花，是具有地方特色的大众菜品，营养价值高，既经济又实惠。肉圆连渣闹以成品呈现形式体现在火锅名称里来命名，采用煮的烹调方法制作，豉香煳辣味型，色泽清爽，豆花细嫩，肉圆强劲，煮而不烂，汤鲜味美，清淡爽口。

2）火锅原料

黄豆 1 000 克，猪肥瘦肉 500 克，小白菜 250 克，鸡蛋 1 个，大葱段 20 克，姜米 10 克，蒜米 5 克，葱花 3 克，酸汤 300 克，豆豉粑 10 克，油辣椒 80 克，盐 8 克，胡椒粉 2 克，花椒粉 1 克，水淀粉 30 克，酱油 20 克，熟猪油 50 克。

3）工艺流程

①用清水浸泡黄豆 4 ～ 6 小时，淘洗干净。用石磨磨成豆浆，入锅上火，大火烧沸豆浆，改用微火煮，下入用猪肥瘦肉剁成的碎末，纳盆。打入鸡蛋，加盐、姜米、水淀粉、胡椒粉。向一个方向搅打上劲，挤出大小一致的肉圆子，逐个放入加了大葱段的鲜汤锅中煮至熟透，再分 2 ～ 3 次下入小白菜。如果未能结块，淋入酸汤点制，用勺轻轻搅动，待汤面起雪花棉体状时离火，凝结成菜豆花，连盆上桌。

②按人数取出小碗，分别放入油辣椒、火烧豆豉粑、酱油、盐、花椒粉、蒜米、葱花调制成蘸水，蘸食。

4）制作关键

①黄豆一定要泡够时间，最好用石磨。

②注意火候，要不停地搅动，加入小白菜后，如果不能凝固就用酸汤点制。

5）类似品种

鱼丸连渣闹、农家菜豆腐。

6）营养分析

能量5 607.5千卡，蛋白质419.8克，脂肪345.8克，碳水化合物204.8克。

任务14 扎佐蹄髈锅

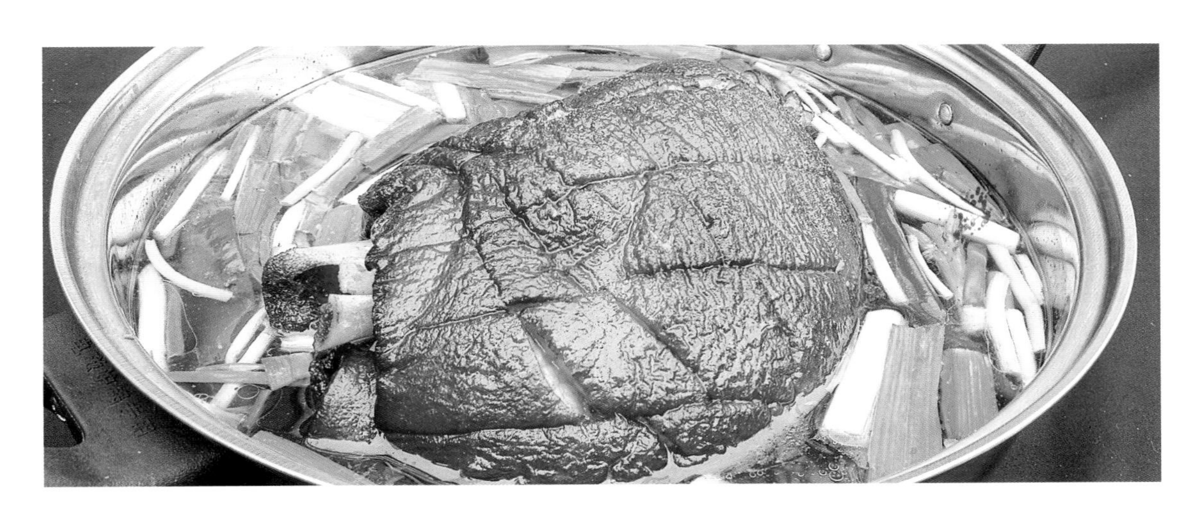

1）火锅赏析

扎佐蹄髈是修文县扎佐镇餐馆所创的一道传统名菜，因往来商客均要驻足品尝而成名。如今贵阳城区各大酒店以及海内外黔菜馆也有此菜。扎佐蹄髈锅制作看似不难，实际上却有些门道，要做到皮脆、香糯、不烂，肥肉入口不腻而形整，瘦肉细嫩化渣而不柴，火锅辅料清香而乡土味浓郁。当然，要吃正宗的扎佐蹄髈，最好还是在扎佐镇或者修文县城。扎佐蹄髈锅以地名与主料同时体现在火锅名称里来命名，采用蒸和煮的烹调方法制作，煳辣味型，色泽棕红，皮脆香糯，入口化渣，肥而不腻，汤鲜味美，乡土浓郁。

2）火锅原料

猪蹄髈1个（约2 000克），酸菜500克，姜片20克，蒜瓣30克，香葱段15克，葱花3克，八角3克，盐6克，胡椒粉2克，香料粉10克，甜酒汁50克，料酒30克。

3）工艺流程

①选用新鲜猪蹄髈火烧至色黄、皮焦，热水浸泡，刮洗干净，控水后加盐、香料粉、料酒、香葱段、姜片腌制入味。入沸水锅中加料酒煮至皮紧，除去血沫，取出趁热在皮上抹甜酒汁，放入七成热油锅炸至皮焦黄，略起泡，捞出控油，装入盆中，放入蒸锅内，大火蒸上气，中火蒸8小时取出。

②酸菜洗净，挤干水分，切成小段，放入热油锅中炒香，倒入蹄髈和蒸制时的原汤，装入火锅盆中，撒入葱花，配上煳辣椒蘸水即成。

4）制作关键

①采用中小火长时间蒸制，保证入味和成形。

②采用煳辣椒制成素蘸水，不能放酱油。

5）类似品种

红枣煨肘子、清蒸肘子。

6）营养分析

能量5 275千卡，蛋白质457.5克，脂肪377克，碳水化合物12克。

任务15 腊猪脚火锅

1）火锅赏析

与腊猪脚搭配最好选用竹笋、酸菜、萝卜等能够吸油的食材。腊猪脚火锅较为独特地选用了豆米搭配炖制而成，成菜油而不腻，咸淡适口，既营养又美味，搭配既简单又合理，已经成为备受人们喜爱的美味时尚风味大菜。腊猪脚火锅以主料体现在火锅名称里来命名，采用炖和煮的烹调方法制作，豉香煳辣味型，汤色淡白，猪脚软烂，滋味醇厚，烟香浓郁，咸鲜味美。

2）火锅原料

腊猪脚 1 只（约 1 500 克），腊排骨 500 克，猪皮 300 克，熟豆米 250 克，姜块 30 克，蒜苗段 15 克，花椒 5 克，盐 4 克，胡椒粉 2 克，料酒 50 克，猪油 100 克。

3）工艺流程

①把腊猪脚、猪皮分别用燎火将皮烧尽，将绒毛刮洗干净。腊猪脚砍成大块，猪皮切成大块；腊排骨洗净，砍成大块。3 种主料混合放入沸水锅中加料酒汆水，捞出用清水冲净。

②炖锅置旺火上，注入清水，放入 3 种主料，加姜块、花椒，转小火炖制 1 小时熟软；放入熟豆米、盐炖至入味、汤色淡白，再放入胡椒粉、猪油调味，起锅舀入火锅内，撒上蒜苗段，上桌开火即成。

4）制作关键

①腊猪脚皮毛要去尽，火烧去皮要均匀。

②炖制时，一定要掌握其成熟后的软硬度，太硬难啃，太烂无形失味。

5）类似品种

腊猪脚炖腊笋、盗汗腊猪脚。

6）营养分析

能量7 187.2千卡，蛋白质555.2克，脂肪483.3克，碳水化合物162克。

任务16 肉饼鸡火锅

1）火锅赏析

肉饼鸡火锅以整鸡下锅、炖熟，再加入形整松软的肉饼炖煮成菜。肉饼鸡火锅以主料与辅料同时体现在火锅名称里命名，采用蒸和炖的烹调方法制作，咸鲜味型，色泽鲜艳，质地细嫩，松软飘香，汤鲜无比，滋补养颜，清香爽口。

2）火锅原料

母鸡1只（约1 500克），猪肉500克，鸡蛋1个，竹荪10克，干黄花3克，枸杞3克，红枣30克，姜块25克，盐6克，胡椒粉2克，党参粉2克，干芡粉25克，姜葱水15克。

3）工艺流程

①选用母鸡宰杀治净，把鸡脚夹入鸡肚内，鸡头夹入鸡翅内，控水。将猪肉按照肥2瘦8的比例，剁成肉末，放入盛器内，加盐、胡椒粉、姜葱水、干芡粉、党参粉搅打均匀成肉馅。竹荪、干黄花、枸杞、红枣分别用清水浸泡片刻。

②取一炖锅，注入清水置旺火上，投入整鸡烧沸后，撇去浮沫。加姜块、干黄花、竹荪，用小火炖至熟软，加盐、胡椒粉调好味，离火装入陶瓷砂锅内。将肉馅装入圆平盘内压成薄圆饼状，中间打入鸡蛋，放入蒸锅内蒸制12分钟熟透，取出装入砂锅内熟鸡上，撒入枸杞、红枣，带火上桌，随配辣椒蘸水、时令鲜蔬即成。

4）制作关键

①肉末最好用刀剁，搅打要均匀，圆形肉饼要薄。

②鸡肉要以除尽血污、炖制刚熟为佳。

5）类似品种

肉饼鸽、肉饼鸭。

6）营养分析

能量3 835千卡，蛋白质378克，脂肪252.5克，碳水化合物12克。

任务17　花溪鹅火锅

1）火锅赏析

“鹅肉飘香花溪区，米酒醇清琼林宴。”著名书法家徐康建题词赞曰：“花溪清明洹溢香，呆鹅美味客复来。”随着旅游业的发展，清汤鹅的美食文化发扬光大，并风行各地。人们游花溪风景区，尝花溪清汤鹅馆一条街的清汤鹅，家家爆满，食客川流不息。花溪鹅火锅以地名与主料同时体现在火锅名称里来命名，采用炖和煮的烹调方法制作，煳辣味型，汤清油黄，肉嫩鲜美，口感清爽，多食不腻，营养丰富。

2）火锅原料

活土鹅1只（约3 000克），姜块100克，香葱结25克，蒜苗10克，黄芪2克，蔻仁3克，党参10克，砂仁5克，枣干5克，白芷2克，花椒3克，盐8克，胡椒粉2克，料酒50克。

3）工艺流程

①将土鹅宰杀治净，切成5厘米见方的块状，放入沸水锅中加料酒焯水，捞出冲净；将黄芪、党参、枣干、蔻仁、砂仁、白芷、花椒等香料装入纱布内包扎好；将蒜苗洗净，切成长段。

②取出炖锅，注入清水置旺火上，投入已焯好水的鹅肉块烧沸，打去浮沫，加姜块、香葱结、香料包，用小火慢炖50分钟至熟透，放入盐、胡椒粉调好味，离火舀入火锅内，撒入蒜苗段。同时，调制好煳辣椒蘸水，上桌开火即成。

4）制作关键

要使汤鲜且清，如使用高压锅，可用细布包一块鹅血一起压制，便于吸渣。

5）类似品种

老鸭汤、肚包鸡。

6）营养分析

能量7 530千卡，蛋白质537克，脂肪597克，碳水化合物0克。

任务18 带皮牛肉锅

1）火锅赏析

贵州地处高原，牛羊成群，牛羊肉的品质非常好，尤其是带皮牛肉。带皮牛肉多由餐厅直接采购。将一次性采购经屠宰的整头牛的带皮牛肉，分档制作各类佳肴。带皮牛肉则多用来制作爆炒干锅，也常用切片隔水蒸制后，连汤作为清汤火锅销售，制作过程中常添加少量药食两用中草药。带皮牛肉锅以主料体现在火锅名称里来命名，采用炖、煮的烹调方法制作，咸鲜味型，质地熟糯，开胃健脾，香气扑鼻，味道醇厚，汤鲜味美。

2）火锅原料

带皮牛肉1 000克，红辣椒10克，黄豆芽50克，香菜6克，原汤、盐、鸡精、胡椒面、香草、茴香、桂皮、陈皮、山柰、甘菘、草果、煳辣椒等适量。

3）工艺流程

①将带皮牛肉用冷水浸泡1 ~ 2小时，除去血水洗净，放入砂锅内加清水置旺火上，加香草、甘菘、茴香、山柰、草果桂皮、陈皮等烧沸后，转小火炖熟，捞起沥干，切片待用。

②炒锅置旺火上，放入菜油治熟，下红辣椒略炒，加入牛肉原汤煮沸，放入切好片的牛肉，加盐、鸡精、胡椒面煮1 ~ 2分钟，起锅倒入垫有黄豆芽的锅内，撒上香菜即成。

4）制作关键

牛肉选用治净的带皮牛腩，切去多余的肥肉，整块炖制，晾凉后切成厚薄均匀的片。

5）类似品种

麻辣牛肉、菌香牛肉。

6）营养分析

能量1 276千卡，蛋白质201.33克，脂肪42.83克，碳水化合物22.77克。

任务19 原汤羊肉锅

1）火锅赏析

羊肉性温、营养丰富，对肺结核、气管炎、哮喘、贫血、产后气血两虚、腹部冷痛、体虚畏寒、营养不良、腰膝酸软、阳痿早泄以及一些虚寒病症均有很大裨益。羊肉是具有补肾壮阳、补虚温中等作用的优质、健康肉类食材，最适宜于冬季食用，夏至前后也需要大吃一顿。原汤羊肉锅以主料体现在火锅名称里来命名，采用炖和煮的烹调方法制作，咸鲜味型，色黄发亮，肉质滑嫩，汤鲜味美，滋补营养，蘸食爽口。

2）火锅原料

黑山羊 1 500 克，红枣 3 颗，枸杞 5 克，烧椒碎 100 克，姜 50 克，大葱段 30 克，姜米 3 克，蒜米 5 克，葱花 3 克，香菜段 5 克，煳辣椒面 10 克，盐 8 克，胡椒粉 2 克，花椒粉 1 克，酱油 5 克，料酒 300 克，羊油 30 克，八角、花椒、草果、山柰、砂仁、桂皮、茴香、香叶各 5 克。

3）工艺流程

①将八角等用纱布包成香料包。将山羊刮洗干净，用刀将羊肉剞下骨，羊骨与羊肉放入冷水锅中加料酒烧沸，捞出用冷水冲净。再放入大汤锅内，注入清水，放入拍破的姜块、料酒、大葱段、香料包，烧沸后用微火炖至熟透，取出晾凉。然后将羊肉切成厚片，装入盘内摆放好，撒入香菜段。红枣、枸杞混合用清水浸泡片刻。

②按人数取小碗分别放入烧椒碎、煳辣椒面、蒜米、姜米、盐、花椒粉、酱油、葱花、香菜段兑成风味辣椒蘸水。

③取一个火锅，加盐、胡椒粉、羊油，舀入熬好的羊肉汤，撒入红枣、枸杞、大葱段，与配好的羊肉盘、辣椒蘸水一同上桌，开火即成。

4）制作关键

熬汤时一次性加足水，羊骨可熬至原汤用完。

5）类似品种

麻辣羊肉、酸甜羊肉。

6）营养分析

能量 3 042 千卡，蛋白质 285 克，脂肪 211.5 克，碳水化合物 0 克。

任务20 花江狗肉锅

1）火锅赏析

花江狗肉锅源于花江镇，其制作工艺考究，汤清爽而鲜美，肉细嫩而醇香，具有酥而不腻、久食不厌的特点。花江狗肉锅曾被中央电视台作为西部小吃专题报道，被评为“西部一绝”“一大名吃”。花江狗肉锅以地名与主料同时体现在火锅名称里来命名，采用炖和煮的烹调方法制作，麻辣味型，狗肉软嫩，汤汁鲜美，辣香爽口。

2）火锅原料

雄狗1只（重6 ~ 10千克），狗肉香（薄荷叶）50克，香菜30克，生姜25克，蒜瓣20克，姜片15克，狗苦胆15克，盐12克，味精8克，胡椒粉6克，花椒面6克，花椒10克，砂仁25克，香油6克。

3）工艺流程

①将狗宰杀，放血烫毛，氽2 ~ 3次水，除去血污与腥味，用沸水煮至皮紧，再用烙铁烫尽绒毛，或用稻草燎皮，反复洗净，将全狗剁成3 ~ 4大块。

②汤锅注水，下入狗肉，大火烧开，滴入适量狗苦胆，去浮沫。改用小火炖至粑烂，取出晾冷。在皮上抹油，使其光泽发亮，取其中500克切成3 ~ 4厘米见方的薄片。

③放盐、酱油、胡椒粉、味精、砂仁粉、花椒面、煳辣椒面，用热狗油烫香，撒葱花、香菜末、狗肉香末做成蘸水。

④取砂锅置旺火上，注入狗肉原汤煮开，加姜片、蒜片、狗肉香、香菜、砂仁、味精、盐调味。可蘸水食用；或装入小盅，每人一份。

4）制作关键

①选料时，通常情况下，根据狗的颜色可分辨肉质好坏，民间有“一黄二黑三花四白”之分，黄狗最佳。

②苦胆有清汤去腥的作用，故为烹狗必用调料。另外，其他配料是构成花江狗肉风味的重要成分。

5）类似品种

干锅狗肉、麻辣狗肉。

6）营养分析

能量697.7千卡，蛋白质100.89克，脂肪27.62克，碳水化合物11.11克（以每锅1 000克计）。

模块3　香辣麻辣怕不辣

任务21　乡村老腊肉

1）火锅赏析

从冬至到立春，每家每户都有杀年猪自制松柏腊肉的习俗。保存食用，又是一款传统肉食。腊肉火锅，其肉呈黄红色，口感自然，味美可口，深受青睐。乡村老腊肉以出产地和主料同时体现在火锅名称里来命名，采用炒、煮的烹调方法制作，香辣味型，色泽棕红，香辣味浓，烟香突出，农家吃法。

2）火锅原料

老腊肉400克，黄豆芽100克，洋芋100克，莲花白100克，白豆腐100克，芹菜50克，大白菜100克，莴笋尖100克，糍粑辣椒150克，姜片12克，盐5克，味精3克，胡椒粉1克，花椒粉5克，鲜汤700克。

3）工艺流程

①把熟腊肉切成大片；洋芋刮皮，洗净后切成大片；莲花白、大白菜、莴笋尖洗净，切块；白豆腐切成片；芹菜洗净，切成段。

②炒锅置旺火上，放入猪油烧热，下入姜片炒香，加糍粑辣椒炒至油红、有香味，注入鲜汤烧沸，放入盐、味精、胡椒粉、花椒粉等调料。

③将黑砂锅里放黄豆芽垫底，把熟腊肉、洋芋、莲花白、白豆腐、本地芹菜、大白菜、莴笋尖依次整齐排放，加入煮制好的汤料，撒上葱段，放在火锅桌上，加配菜和煳辣椒蘸水即成。

4）制作关键

腊肉要半肥半瘦，厚薄一致，香辣味浓郁。

5）类似品种

清汤腊肉、豆米腊肉。

6）营养分析

能量2 408.2千卡，蛋白质80.9克，脂肪208.3克，碳水化合物55.35克。

任务22 青椒童子鸡

1）火锅赏析

贵州人爱吃辣。在黔菜中，辣又分多种，如煳辣、油辣、糟辣、酸辣、麻辣、干辣、青辣、香辣、阴辣，大有无辣不成菜的味道。辣子鸡是贵州最为出名的特色菜肴之一。辣子鸡的制作方法多种多样，青椒童子鸡就是其中之一，其风味特色使人无法忘怀，百吃不厌。青椒童子鸡以主料与辅料同时体现在火锅名称里来命名，采用爆、炒的烹调方法制作，香辣味型，色泽鲜艳，质地脆嫩，香辣味浓，开胃爽口。

2）火锅原料

仔公鸡1只（约1 500克），青椒500克，泡椒100克，黄豆芽100克，姜片15克，香葱段10克，蒜瓣30克，熟糍粑辣椒50克，豆瓣酱15克，花椒5克，盐6克，味精3克，胡椒粉5克，五香粉3克，酱油10克，料酒20克，鲜汤150克，猪油50克，熟菜油100克。

3）工艺流程

①把仔公鸡宰杀治净，斩成3厘米大小的块；鸡肫、肝、肠分别洗净；青椒洗净，切成滚刀段；泡椒去掉把蒂。

②炒锅置旺火上，放入油烧至七成热，下入鸡块爆至水分收干，捞出控油；锅内放入熟猪油、熟菜油烧热，下入豆瓣酱、花椒、姜片、蒜瓣炒香，加熟糍粑辣椒炒至油红；下入青椒、泡椒翻炒至青椒微变色，下入爆好的鸡肉，掺入鲜汤，加料酒、盐、味精、胡椒粉、五香粉、酱油翻炒均匀，起锅装入垫有黄豆芽的火锅内，撒入香葱段，上桌开火即成。

4）制作关键

鸡肉过油时不能过火，辣味要适中。

5）类似品种

番茄鸡、青椒鹅。

6）营养分析

能量3 686.4千卡，蛋白质328.5克，脂肪244.4克，碳水化合物34.4克。

任务23 鸡哈豆腐锅

1）火锅赏析

鸡哈豆腐锅源于花溪燕楼乡，本意是炒好的辣子鸡或者黄焖鸡，装锅后在上面和周边放豆腐，其豆腐与鸡爪相靠，有鸡抓豆腐的感觉。鸡哈豆腐锅以成品形状与主料同时体现在火锅名称里来命名，采用炒、焖和煮的烹调方法制作，香辣味型，色泽褐红，鸡肉熟软，豆腐鲜嫩，香辣味美。

2）火锅原料

土公鸡1只（约2 500克），老豆花500克，黄豆芽100克，花溪辣椒250克，菜籽油350克，姜块25克，香葱结10克，香葱段10克，蒜瓣50克，甜酱10克，盐6克，白糖5克，酱油15克，料酒30克。

3）工艺流程

①把土公鸡宰杀、烫毛，去内脏洗净，砍成4厘米见方的块；用姜块、香葱结、料酒、盐腌制约30分钟，待用；花溪辣椒用温水浸泡片刻，放入擂钵中制成糍粑辣椒。

②炒锅置旺火上，放入菜籽油烧热炼熟；下入蒜瓣炸至微黄后，下入糍粑辣椒炒至深褐棕色，再放入甜酱炒至出香味；下入斩好的鸡块炒至水分微干时，加入开水将鸡淹没，加盐、酱油、白糖调好味；盖上锅盖改用小火焖烧至鸡肉离骨熟软，拣出姜块、香葱结不用，起锅装入垫有黄豆芽的火锅内；周边放入老豆花，撒上香葱段，带火上桌即成。

4）制作关键

①妙用辣椒。选用辣而不猛、香味浓郁的花溪牛角辣椒，经去蒂、淘洗、水发后，用擂钵舂蓉为糍粑辣椒。

②掌握火候，“慢着火，少着水，火候足时它自美”的烹调方法；老豆花入味快，别有风味。

5）类似品种

魔芋烧鸡、老豆腐烧鸡。

6）营养分析

能量6 424千卡，蛋白质536克，脂肪468.5克，碳水化合物17.5克。

任务24 啤酒鸭火锅

1）火锅赏析

用啤酒当作调料来烹调鸭子的烹饪技法，传说是厨师在烹调鸭子时不小把啤酒瓶打翻，啤酒洒到锅中烧出来的鸭子鸭肉油亮酥嫩，麻辣香鲜，特别好吃而得名。近年来，啤酒鸭经过改良加入贵州特产魔芋豆腐，成菜鸭肉油亮酥嫩，香鲜微辣，魔芋豆腐软糯味浓，蔬菜爽口，深受食客喜爱。贵阳啤酒鸭火锅店的生意异常火爆。啤酒鸭火锅以主料与调料同时体现在火锅名称里来命名，采用炒、焖和煮的烹调方法制作，麻辣味型，汤汁红亮，质地绵嫩，辣香味醇。

2）火锅原料

鸭子1只（约1 750克），干辣椒20克，姜15克，香菜25克，糍粑辣椒50克，豆瓣酱20克，大料20克，盐8克，味精2克，胡椒籽15克，花椒籽5克，花椒面5克，白糖3克，酱油15克，料酒10克，啤酒2瓶。

3）工艺流程

①鸭子宰杀煺毛，去内脏洗净，剁成鸭块，放入盛器内加料酒、花椒面、酱油把鸭块腌制1个小时；姜切成片；香菜洗净，切成段。

②炒锅置旺火上，放入油烧至七成热，下入鸭块爆炒至基本上没有水汽，滤油盛出。锅内留底油烧热，放入花椒籽、胡椒籽、干辣椒、姜片、糍粑辣椒、豆瓣酱炒出香味，投入鸭块、大料翻炒5分钟，掺入啤酒，加盐、酱油烧开，改用小火加盖焖至汤汁收干，下入味精、白糖烧入味后，起锅装入火锅内。撒上香菜段，一同配菜上桌，开火即成。

4）制作关键

掌握好火候，让酒香渗入鸭肉。

5）类似品种

酱烧全鸭、仔姜鸭。

6）营养分析

能量4 200千卡，蛋白质271.25克，脂肪333.48克，碳水化合物3.5克。

任务25 親妈火盆鸭

1）火锅赏析

親妈火盆鸭是铜仁老字号親妈饭店的招牌菜，用茶油烹制子姜鸭，添加蒸至半熟的盐菜肉，放置在既能做烤火盆，又能加热饭菜的炭火盆上，别有一番风味。关键是猪肉与鸭肉混合后的香味，诱人至极，具有消化健脾开胃，强筋壮骨，美容养颜，抗衰老等多种功效。親妈火盆鸭以店名与主料同时体现在火锅名称里来命名，采用爆、烧的烹调方法制作，香辣味型；色泽红亮，质地熟软，姜香味浓，茶香味辣；汤汁红亮，质地绵嫩，辣香味醇。

2）火锅原料

土鸭1只（约重2 000克），黄豆芽100克，鲜子姜100克，蒜瓣50克，红甜椒100克，香葱段10克，干辣椒10克，花椒5克，八角5克，香叶3克，陈皮5克，糍粑辣椒80克，豆瓣酱20克，盐5克，花椒粉5克，胡椒粉5克，五香粉5克，酱油10克，料酒50克，山茶油100克，鲜汤2 500克。

3）工艺流程

①土鸭宰杀治净，切成块状，放入沸水锅中加料酒汆水，捞出用清水冲净，控水；鲜子姜洗净，切成片；红甜椒洗净，切成滚刀块。

②炒锅置旺火上，放入油烧热，下入鸭肉块爆炒至鸭肉块呈黄色、水分略干，捞出装入盛器内。锅内放入山茶油烧热，下入子姜块、蒜瓣、干辣椒、糍粑辣椒、豆瓣酱、花椒炒香上色。投入爆炒过的鸭肉块、八角、香叶、陈皮翻炒均匀，烹入料酒，掺入鲜汤烧开，加盐、胡椒粉、花椒粉、五香粉、酱油，用小火慢烧至熟软，下入红椒块炒匀，起锅装入垫有黄豆芽的火锅内，撒上香葱段，上桌开火即成。

4）制作关键

①以选用较为肥嫩土鸭为佳。

②选用茶香味较浓郁的山茶油。

5）类似品种

魔芋烧鸭、红油旱鸭。

6）营养分析

能量4 821千卡，蛋白质310.7克，脂肪394.6克，碳水化合物7.7克。

任务26 黄焖牛肉锅

1）火锅赏析

黄焖牛肉锅是一种完全有别于其他风味的黄焖菜肴，道出了黔菜的包容性和独特性。黄焖牛肉锅以制法与主料同时体现在火锅名称里来命名，采用氽、炒、焖、煮的烹调方法制作，香辣味型，色泽红艳，质地软糯，香辣味浓，风味独特。

2）火锅原料

牛腩 1 500 克，黄豆芽 200 克，姜片 10 克，蒜片 10 克，香菜段 5 克，干辣椒段 15 克，花椒 10 克，糍粑辣椒 80 克，豆瓣酱 50 克，麻辣火锅底料 80 克，盐 3 克，鸡粉 5 克，五香粉 10 克，孜然粉 10 克，特制卤水 300 克，鲜汤 1 500 克。

3）工艺流程

①把牛腩洗净，切块，放入沸水锅中氽尽血水；捞出用清水冲净，控水。

②炒锅置旺火上，放入混合油烧热，加入姜片、蒜片、干辣椒段、糍粑辣椒、豆瓣酱、麻辣火锅底料炒至油红、出香味，掺入鲜汤烧沸出味，制成红汤，用细漏勺捞出料渣扔掉，投入牛腩块，调入特制卤水、盐、鸡粉、五香粉、孜然粉，倒入高压锅内，盖上盖，置火上压冒气。计时 15 分钟后，端离火口用清水冲凉，开盖倒入垫有黄豆芽的火锅内，撒入香菜段，上桌开火即成。

4）制作关键

①牛肉选用治净的带皮牛腩，烧尽焦黑的表皮，除尽血污，焯水除腥味。

②焖制火候要掌握好，味道要浓郁。

5）类似品种

泡椒牛肉、清炖牛肉。

6）营养分析

能量2 088.3千卡，蛋白质314.9克，脂肪71.8克，碳水化合物50.1克。

任务27　晾杆肥牛锅

1）火锅赏析

火红的锅边摆放着各种新鲜蔬菜和好似晾杆上的衣物的肥牛肉片。晾杆肥牛锅的特色在于烹调时选用了黔东南侗族苗族自治州、黔南布依族苗族自治州的苗族、水族的酸汤以及农村放养的肥牛肉和用牛骨熬制的鲜汤慢煨而成，晾杆上的肥牛肉稍烫即食，这样才能达到酸、鲜、辣、醇、烫、嫩、香、化渣的效果。晾杆肥牛锅以道具与主料同时体现在火锅名称里来命名，采用煮和涮的烹调方法制作，麻辣味型，色彩鲜艳，肉质鲜嫩，香辣爽口，造型大方。

2）火锅原料

肥牛肉 1 000 克，牛骨汤 5 000 克，蒜苗段 50 克，洋芋 50 克，粉丝 30 克，西红柿 30 克，莲藕 50 克，黄瓜 40 克，小瓜 40 克，蕨粑 50 克，香菜 20 克，豆腐 60 克，糍粑辣椒 100 克，豆瓣酱 20 克，干朝天椒 5 克，花椒 20 克，老姜 20 克，蒜瓣 30 克，盐 20 克，味精 8 克，煳辣椒面 20 克，花椒面 5 克，木姜子油 6 克，姜米 8 克，蒜泥 8 克，葱花 10 克。

3）工艺流程

①将肥牛肉切成大片挂在特制的晾杆上，放在盘中间，在盘中整齐摆放洋芋、粉丝、西红柿、莲藕、黄瓜、小瓜、蕨粑、香菜、豆腐等。

②净锅置火上，下油将老姜、蒜瓣、糍粑辣椒、豆瓣酱、干辣椒、花椒炒香、出色、出味。将牛骨汤一同下锅烧沸熬煮出味，装入小锅中，撒上蒜苗段带火上桌。

③用盐、味精、煳辣椒面、花椒面、木姜子油、姜米、蒜泥、葱花和锅内酸汤调配成蘸水，一边煮一边蘸食。

4）制作关键

选用雪花牛肉，刀工要整齐。

5）类似品种

涮肥牛肉、藤椒肥牛。

6）营养分析

能量 1 250 千卡，蛋白质 199 克，脂肪 42 克，碳水化合物 20 克。

任务28 青椒河鲜鱼

1）火锅赏析

青椒河鲜鱼是一款当地很出名的特色火锅，其选用的食材是生态角角鱼和蛇鱼，用原生态的青尖椒、花椒、西红柿制作，是深受人们喜爱的香辣和麻辣味菜肴。用猪油烹饪，用木姜子油点缀调味，鱼肉极为香鲜味美，成为吃过的人无法忘记的特色美味，是当地市民聚会、待客时的首选菜肴。青椒河鲜鱼以主料与辅料同时体现在火锅名称里来命名，采用煮的烹调方法制作，椒香味，汤色诱人，鱼肉细嫩，鲜辣味美，微甜适口，椒香浓郁。

2）火锅原料

生态角角鱼 1 000 克，生态蛇鱼 1 000 克，青尖椒 150 克，西红柿 300 克，黄豆芽 200 克，花椒 50 克，生姜 15 克，大蒜 300 克，香葱 15 克，猪油 100 克，木姜子油 5 克，鲜汤 300 克，料酒 15 克，盐 5 克，味精 1 克，鸡精 3 克，白糖 5 克。

3）工艺流程

①将角角鱼、蛇鱼分别宰杀治净；将蛇鱼切成块状装入盛器内。

②将青尖椒洗净，切成颗粒状；香葱洗净，切成段；生姜、大蒜分别洗净，切成片；西红柿洗净，切成月牙形块；黄豆芽摘根去壳，淘洗干净，放入火锅内铺底。

③炒锅置旺火上，放入猪油烧热，放入青尖椒节、姜片、大蒜片、花椒炒香，下入西红柿块略炒，掺入鲜汤，调入盐、味精、鸡精、白糖烧沸，放入角角鱼和蛇鱼煮熟入味，起锅倒入垫有黄豆芽的锅内，淋入木姜子油，撒葱段、花椒，带火上桌即成。

4）制作关键

①初步加工时，蛇鱼不能弄破苦胆，角角鱼刀工处理要砍断脊骨，成相连的段，便于整条的造型。

②青尖椒、花椒要炒香，待炒出味后才加盐调味，保持味道。

5）类似品种

酸菜片片鱼、水煮麻辣鱼。

6）营养分析

能量 2 104 千卡，蛋白质 365.9 克，脂肪 55.3 克，碳水化合物 39.3 克。

任务29　炝锅鱼火锅

1）火锅赏析

炝锅鱼是川黔等嗜好辣椒地区的特色菜，在将其变化为火锅时，用豆花垫底，开创了一个新的概念和思路。值得一提的是，成品色泽红亮，质嫩麻辣鲜香，运用范围广，主料食用后，可烫食肉类和时蔬。炝锅鱼火锅以主料体现在火锅名称里来命名，采用煮的烹调方法制作，香辣味型，色泽红亮，鱼肉鲜嫩，豆花爽口，麻辣香醇，久煮不烂，吃法新颖。

2）火锅原料

草鱼1条（约900克），豆花500克，干辣椒20克，花椒籽10克，鲜花椒10克，豆瓣酱30克，糍粑辣椒50克，盐5克，酱油10克，白糖8克，料酒10克，姜片10克，蒜片10克，葱节10克，葱花5克，香菜3克，香油10克，水芡粉适量。

3）工艺流程

①草鱼宰杀洗净后，将鱼的两面切成一字花刀，放入盛器内，加盐、料酒、姜、葱，码味10分钟，下入烧至七八成热的油锅中，炸透捞出。

②将干辣椒切成干辣椒节，与花椒籽一同炒香，捞出剁成碎粉，成刀口辣椒。

③锅内放入油，下入姜蒜片、豆瓣酱、糍粑辣椒炒出香味，掺入鲜汤；加酱油、白糖、料酒等调味；放入豆花及炸制好的鱼，用小火慢慢收汁入味，捞出装盘，撒上刀口辣椒。

④净锅置旺火上，下入色拉油和香油烧热后，油淋入刀口辣椒上，撒上葱花、香菜即可。

4）制作关键

①炸鱼恰到好处。

②豆花要提前焯水，除尽豆腥味。

③炝辣椒时，油温要高，快速炝香。

5）类似品种

黑豆花鲢鱼、糟辣豆腐鱼。

6）营养分析

能量1 588.4千卡，蛋白质198克，脂肪72克，碳水化合物50.9克。

任务30 泡椒牛蛙锅

1）火锅赏析

随着牛蛙养殖技术的推广，人们餐桌上又多了一道美味。泡椒牛蛙锅将牛蛙与泡椒、糍粑辣椒和豆瓣酱一起制作成火锅，是贵州菜的一大亮点。泡椒牛蛙锅以主料与辅料同时体现在火锅名称里来命名，采用爆、炒的烹调方法制作，香辣味型，色泽鲜红，质地鲜嫩，酸香鲜辣，香辣醇厚。

2）火锅原料

鲜活牛蛙4只（约1 000克），灯笼泡椒200克，酸萝卜50克，泡莲花白50克，泡仔姜50克，美人椒20克，糍粑辣椒30克，豆瓣酱10克，蒜苗10克，盐5克，酱油10克，味精3克，白糖2克，胡椒面2克，五香粉8克，料酒10克，鲜汤250克。

3）工艺流程

①将鲜活牛蛙宰杀、洗净后砍成块，放入盛器内，加盐、料酒、白糖、酱油搅拌均匀，腌制10分钟；酸萝卜切成条状；泡莲花白切成块状；泡仔姜切成片；美人椒洗净，切成半寸段；蒜苗洗净，切成段。

②炒锅置旺火上，放入油烧至八成热，下入腌制好的牛蛙块爆至断生，捞出控油。锅中留底油，下入糍粑辣椒、豆瓣酱炒至出香味、油红，放入蒜瓣、灯笼泡椒、酸萝卜条、泡莲花白块、泡仔姜片炒香出味，投入爆好的牛蛙块，掺入鲜汤，放入盐、酱油、味精、白糖、胡椒面、五香粉、料酒，下入美人椒段，淋入红油，起锅倒入垫有黄豆芽的火锅内，撒上蒜苗段，上桌开火即成。

4）制作关键

①宰杀牛蛙时，要除尽全身表皮，内脏要除净。

②用清水冲净泡椒多余的盐分，并炒出味。

5）类似品种

泡椒鱿鱼、泡椒墨鱼仔。

6）营养分析

能量945.2千卡，蛋白质162.2克，脂肪7.7克，碳水化合物55.6克。

模块4 干锅烙锅香土锅

任务31 香辣土豆锅

1）火锅赏析

香辣土豆锅是以素食原料为主料制作的干锅，清爽而不失风味，在“三高时代”更显优越。香辣土豆锅以口味和主料同时体现在火锅名称里来命名，采用爆、炒的烹调方法制作，香辣味型，质感干香软嫩，略辣，鲜香。

2）火锅原料

土豆600克，熟五花肉150克，干豆豉30克，小尖椒50克，熟糍粑辣椒30克，姜片5克，蒜片5克，小葱10克，盐2克，味精1克，白糖3克，酱油5克，陈醋8克，甜酱5克，鲜汤100克，红油25克。

3）工艺流程

①将土豆刮皮洗净，切成厚片放入水中加盐浸泡待用；熟五花肉切成薄片；小尖椒去蒂洗净，切成颗粒状；小葱洗净切成段。

②炒锅置旺火上，放入油烧至七成热，下入浸泡好的土豆片爆至八成熟，再下入五花肉片和土豆片一起爆至微干，捞出沥油。炒锅内放入油烧热，放入小尖椒、熟糍粑辣椒、甜酱、姜片、蒜片炒出香味，加干豆豉略炒，下入土豆片、五花肉片，调入盐、酱油、陈醋、白糖、味精、鲜汤烧至入味，淋入红油，起锅装入锅内，点火上桌即成。

4）制作关键

①爆炒土豆时，要把握好油温，保证口感细腻不烂。

②把握菜肴和火锅之间的制作区别。

5）类似品种

干锅花菜、干锅山药。

6）营养分析

能量1 280.8千卡，蛋白质36.7克，脂肪74.0克，碳水化合物125.5克。

任务32 土家干锅鱼

1）火锅赏析

“士敦朴实，俗尚俭朴，乡人于农隙之后，以猎兽捕鱼为事。”从古至今，土家族喜渔猎，渔猎之物经历了由生活主食到副食的转变，肉嫩鲜香，辣香味美。平底锅内的主菜吃完后，加汤煮其他配菜别具一番风格。土家干锅鱼以地方民族与主料同时体现在火锅名称里来命名，采用炸、炒的烹调方法制作，香辣味型，色泽红润，质地脆嫩，干香滋味，香辣适中，特色佳肴。

2）火锅原料

江团1条（约1 500克），红薯芡粉250克，蒜瓣80克，姜片20克，熟糍粑辣椒150克，泡小尖椒50克，红椒50克，洋葱50克，蒜苗10克，黄豆芽50克，香菜5克，芝麻酱10克，花生酱10克，盐5克，酱油10克，味精3克，鸡精5克，白糖2克，料酒10克，十三香10克，鲜汤250克，红油50克，混合食用油1 000克。

3）工艺流程

①把江团宰杀治净，切成3厘米见方的块，放入盛器内，加盐、料酒腌制10分钟。

②炒锅置旺火上，加入油烧至八成热，将腌制好的江团放入红薯芡粉加少许水拌匀，下入油锅中炸至表皮酥脆，捞出控油。锅中留底油烧热，下入姜片、蒜瓣炒香，加熟糍粑辣椒、泡小尖椒煸炒香，投入炸好的江团，下入红椒块、洋葱块翻炒，烹入鲜汤。加芝麻酱、花生酱、十三香、酱油、盐、味精、鸡精、白糖、料酒翻炒均匀，收干水分，淋入红油，起锅倒入垫有黄豆芽的平底锅内。撒上蒜苗段、香菜，上桌开火即成。

4）制作关键

①鱼片上浆挂糊不能过多、过厚，要均匀一致。

②炸制要注意火候，避免焦煳。

③炒制时，要轻轻翻炒，忌用压炒。

5）类似品种

干锅肥肠、干锅鱿鱼。

6）营养分析

能量3 926.2千卡，蛋白质280.7克，脂肪199克，碳水化合物259.5克。

任务33 香锅毛肚鸡

1）火锅赏析

辣子鸡是贵州名菜，辣子鸡火锅是贵州名火锅。将毛肚与鸡同炒，则是餐饮店的新招牌，新特色。独立品牌的香锅毛肚鸡店早已成为连锁店，并改良进入市场。香锅毛肚鸡以呈现方式、主料与辅料同时表现在火锅中来命名，采用炒、烧和煮的烹调方法制作，香辣味型，鸡糯肚脆，香辣味浓，一锅三吃。

2）火锅原料

土公鸡1只（约1 200克），鲜毛肚800克，糍粑辣椒80克，干辣椒节30克，花椒10克，姜块25克，蒜瓣30克，盐20克，味精10克，胡椒粉6克，蒜苗20克，鲜汤500克，粉丝100克，洋芋200克，鲜菜500克，豆腐100克，豆芽100克。

3）工艺流程

①土公鸡宰杀烫毛，剖腹去内脏洗净，斩大块；鲜毛肚洗净、切片、汆水。

②炒锅置中火上，放入油烧热，煸炒鸡块至开始脱骨。水分较少时，下入干辣椒节、花椒、姜块、蒜瓣炸香，下糍粑辣椒煸炒至色红出香味时加盐、鲜汤、胡椒粉、味精、蒜苗，烧熟鸡肉，调正口味；下毛肚略烧，装入特制的中底洞、边平底锅中间；带火上餐桌。边上可以配各种荤素原料作为烙锅食用，待中间干锅主料食用得差不多时，加汤作为火锅，烫煮时蔬肉菜。

4）制作关键

①鸡炒入味。

②快速烧制毛肚成熟，避免变老。

5）类似品种

干锅肥肠鸡、干锅海鲜鸡。

6）营养分析

能量2 721.2千卡，蛋白质365.7克，脂肪76.1克，碳水化合物155克。

任务34 肥肠排骨锅

1）火锅赏析

肥肠排骨锅是肥肠与排骨的完美结合，两味相得益彰，口感各异，迎合了顾客的多味心理，深受好评。肥肠排骨锅以呈现方式、主料与辅料同时表现在火锅中来命名，采用熟炒、焖烧的烹调方法制作，香辣味型，独有的味辣鲜香，油而不腻，香辣味浓，风味口感。

2）火锅原料

熟排骨300克，熟肥肠350克，小尖红椒50克，糍粑辣椒100克，豆瓣酱50克，芝麻酱20克，花生酱20克，葱节20克，蒜瓣50克，姜片20克，芹菜20克，白萝卜50克，花椒5克，黄豆芽50克，五香粉5克，花椒粉3克，胡椒粉3克，盐5克，味精3克，白糖8克，酱油15克，料酒30克，鲜汤100克，香菜10克，混合油1 000克（实耗30克）。

3）工艺流程

①熟肥肠改刀成滚刀块；白萝卜去皮、洗净后切成条；芹菜洗净后切成节，待用。

②炒锅置旺火上，下入混合油烧至八成热，将熟排骨、熟肥肠混合下入油锅中爆至表面收紧，捞出沥油。锅中放入适量的油烧热，下入蒜瓣、姜片、花椒籽炒香；加入豆瓣酱、糍粑辣椒炒至油红；加入小尖红椒炒至断生，投入爆好的熟肥肠、熟排骨略炒一下；掺入鲜汤，放入芝麻酱、花生酱、五香粉、花椒粉、胡椒粉、盐、味精、白糖、酱油的调入味；再放入葱节、芹菜节翻炒，起锅装入垫有白萝卜条、黄豆芽的锅内，撒上香菜即成。

4）制作关键

①排骨上的肉要适量，不要太多，也不要太少。

②肥肠要清洗干净。

③炸制时，不宜太老，保持外香里嫩。

5）类似品种

香辣排骨鸡、肚条排骨锅。

6）营养分析

能量1 906.1千卡，蛋白质89.1克，脂肪162.3克，碳水化合物31.1克。

任务35　青菜牛肉锅

1）火锅赏析

青菜牛肉锅是遵义青菜炒牛肉的升级版，也是黔南惠水长顺罗甸区域善用的青菜垫底干锅的表现形式。越煮越香，蔬菜和肉相融合，香味扑鼻。青菜牛肉锅以主料与辅料同时表现在火锅中来命名，采用炒和煮的烹调方法制作，家常味型，色泽红润，干香滋糯，质地熟软，健胃清火，吃法别致，风味独特。

2）火锅原料

黄牛肉750克，青菜300克，芹菜50克，白萝卜150克，姜片10克，蒜瓣30克，香菜5克，熟糍粑辣椒50克，糟辣椒20克，干辣椒段15克，花椒10克，盐5克，胡椒粉10克，五香粉15克，茴香粉10克，酱油10克，蚝油20克，花椒粉10克，水芡粉30克，料酒30克，红油50克，鲜汤500克。

3）工艺流程

①将黄牛肉切丝，放入盛器内加料酒、水芡粉码味上浆；青菜洗净，切丝；芹菜洗净，切段；白萝卜去皮，洗净切丝。

②净炒锅置旺火上，放入油烧至七成热，下入码好味的牛肉丝爆至断生，控油。锅内放入油烧热，下入干辣椒段、花椒、糟辣椒、熟糍粑辣椒、姜片、蒜瓣炒香上色。投入爆好的牛肉丝，下入青菜丝，烹入料酒。加花椒粉、胡椒粉、五香粉、茴香粉、蚝油、酱油等调味翻炒入味。放入芹菜段，淋入红油略炒。起锅装入垫有白萝卜丝的火锅内，撒上香菜，上桌开火即成。

4）制作关键

把握好炒制时间，熟而不老。

5）类似品种

生爆牛肉丝、双椒牛肉片。

6）营养分析

能量1 287.3千卡，蛋白质158.2克，脂肪55.5克，碳水化合物44.2克。

任务36　侗家香羊瘪

1）火锅赏析

羊瘪取自雷公山农家喂养山羊，历来称作香羊，经宰杀后将羊肚、小肠内正在消化或已经消化的食物，过滤取绿色的液体，以花椒、生姜、香菜、橘皮、大蒜、朝天椒等配料，油煎而成“羊瘪”。侗家香羊瘪是当地非常奇特的一种食品，外地人大都难以接受，实际是卫生、科学、可口的食材。在烹制羊肉、羊杂将熟时，放入羊瘪汁调味，入口虽然微苦，但有健胃、祛热、助消化的功效，被黔东南少数民族视为待客上品。侗家香羊瘪以地方民族与主料同时体现在火锅名称里来命名，采用炒的烹调方法制作，异香味型。

2）火锅原料

无骨鲜羊肉1 000克，羊杂400克，白萝卜300克，芹菜100克，青椒150克，油炸花生米30克，姜米10克，蒜米15克，香葱段15克，马尾须10克，鱼香菜5克，干辣椒段50克，鲜花椒10克，锤油籽5克，鲜山柰10克，陈皮5克，盐4克，羊瘪汁50克，料酒15克。

3）工艺流程

①把无骨鲜羊肉、羊杂分别治净，切成片，混合装入盛器内加盐、料酒码味片刻。白萝卜去皮，洗净切成粗丝。芹菜、青椒、马尾须分别洗净，切成段。鲜山柰、陈皮分别切成碎末。

②炒锅置旺火上，放入油烧热，下入码好味的羊肉、羊杂爆炒断生，捞出。锅内的余油烧热，下入干辣椒段、鲜花椒、姜米、蒜米煸炒至出香味，加陈皮末、山柰末炒香，投入爆炒好的羊肉、羊杂。掺入羊瘪汁、锤油籽，加盐烧至入味增香，下入芹菜段、青椒段、香葱段翻炒均匀。起锅装入垫有白萝卜丝的火锅内，撒入油炸花生米、马尾须、鱼香菜，上桌开火即成。

4）制作关键

选用放养山羊，秘制瘪汁也非常关键。

5）类似品种

羊杂香瘪、汤锅牛瘪。

6）营养分析

能量2 412千卡，蛋白质242.3克，脂肪150克，碳水化合物28.1克。

任务37　带皮羊肉锅

1）火锅赏析

相传三国时期，曹操率军南下，因水土不服，官兵食宿不安。经当地郎中指点，在沙土中刨出一个洞，垫上柴草，点燃后，和一些不干不稀的沙泥。待土烧干成容器，往里面加水炖萝卜汤当茶饮，果真见效，曹操称之为“魔汤”。容器逐步进化，成了流传至今的黑砂锅，可用于熬中药、煮饭、炖汤、做火锅等。黑砂锅的品种也分为黑砂药罐、黑砂鼎锅、黑砂火锅、黑砂瓢锅、黑砂小吃罐等，保持原味，保温性强。带皮羊肉锅以呈现方式和主料同时体现在火锅名称里来命名，采用炒和焖、煮的烹调方法制作，香辣味型，羊肉烂香，吃法独特，辣而不燥，受到食客喜爱。

2）火锅原料

去骨仔肥羊肉750克，山椒50克，红萝卜250克，白萝卜250克，香菜30克，姜10克，大葱15克，蒜瓣30克，小尖青椒50克，红灯笼泡辣椒50克，熟糍粑辣椒50克，豆瓣酱25克，花椒籽10克，蒜苗20克，盐15克，味精5克，鸡精6克，酱油20克，八角3克，桂皮2克，山柰1克，砂仁2克。

3）工艺流程

①将去骨肥羊肉切成4厘米见方的块，放入沸水锅中汆水待用；将红、白萝卜切成5厘米×1厘米×1厘米的条待用；将尖椒切成马耳朵状。

②炒锅置中火上，放入油烧热，下入花椒籽、糍粑辣椒、豆瓣酱、姜、大葱、蒜爆香，下入山椒、小尖青椒、红灯笼泡辣椒一同煸炒至出香味，放入羊肉翻炒均匀。掺入适量鲜汤，加入盐、酱油待调味慢慢烧至羊肉烂软、汤浓味厚，放入味精、鸡精烧入味后，起锅装入垫有红白萝卜条的火锅中带火上桌。先点小火从干锅吃起，再根据需求加少量鲜汤、盐、味精、蒜苗等兑成汤烧沸烫食各种荤素原料即成。

4）制作关键

烧焖熟透不过头。

5）类似品种

麻辣羊肉、酸甜羊肉。

6）营养分析

能量1 695.4千卡，蛋白质148.6克，脂肪106.8克，碳水化合物39.7克。

任务38　干锅腊狗肉

1）火锅赏析

传说，狗是为人们带来谷种，又亲近人类的动物，少有食用。而从营养角度说，山区湿气利于人体，于是狗既是人类朋友，也是人类不可或缺的食物。一次制作不完的狗肉，经腌腊存放，食用前再清炖、红烧或辣炒，各具特色。干锅腊狗肉以成品表现形式和主料同时体现在火锅名称里来命名，采用炒、烧和煮的烹调方法制作，家常味型，色泽红亮，绵韧干香，香辣味醇，风味独特。

2）火锅原料

腊狗肉600克，胡萝卜500克，小尖椒100克，洋葱100克，油炸花生米30克，蒜瓣50克，姜块20克，糍粑辣椒100克，豆瓣酱50克，香辣酱50克，盐5克，味精3克，鸡精2克，白糖5克，酱油8克，醋4克，料酒10克，时蔬4盘。

3）工艺流程

①取腊狗肉切成薄片，浸泡20分钟。

②胡萝卜洗净切成筷子条；小尖椒洗净切成段；洋葱洗净切成块。

③炒锅置旺火上，加油烧热；下糍粑辣椒、豆瓣酱、香辣酱、蒜瓣、姜块炒出香味；放入浸泡好的腊狗肉片爆炒至断生；加入料酒，加小尖椒、洋葱炒匀；放入盐、味精、鸡精、酱油、白糖、醋调味炒匀；最后放入油炸花生米，起锅倒入铺有胡萝卜条的平锅内，撒上蒜苗即成。从干锅吃起，再加入清汤烫时蔬即成。

4）制作关键

用清水浸泡腊狗肉，回软很重要。

5）类似品种

干锅腊排骨、干锅腊猪脚。

6）营养分析

能量1 400.6千卡，蛋白质129.8克，脂肪49.8克，碳水化合物124克。

任务39　安居卤三脚

1）火锅赏析

酸辣金汤卤牛脚汤锅滑糯爽口，香辣卤羊脚干锅脆糯绵香，麻辣卤猪脚火锅新奇软糯，分别配制两个蘸水。安居卤三脚以主料与调料同时体现在火锅名称里来命名，采用卤、炖、炒的烹调方法制作，香辣复合味，色泽美观，质地多样，卤香味浓，多味丰富。

2）火锅原料

猪脚、羊脚、牛脚各1 000克，白萝卜、酸萝卜各300克，黄豆芽150克，洋葱50克，芹菜30克，枸杞3克，泡椒100克，山椒50克，姜片45克，蒜瓣60克，白芝麻2克，干辣椒30克，熟糍粑辣椒50克，豆瓣酱15克，糟辣椒50克，花椒5克，鲜花椒10克，盐6克，胡椒粉1克，料酒100克，牛骨汤3 000克，红油200克。

3）工艺流程

①猪脚、羊脚、牛脚分别火烧治净，猪脚、羊脚分别斩成大块；牛脚去骨，斩成大块状。分别放入清水锅中加料酒焯透，捞出用冷水洗净；猪脚块放入红卤水锅中，羊脚块放入油卤水锅中，牛脚块放入白卤水锅中，分别用小火慢卤2～3小时，离火浸泡20分钟即可。

②炒锅置旺火上，放入油烧热。下入姜片、蒜瓣、糟辣椒、泡椒段、花椒煸炒至油红并出香味，下入红卤熟猪脚块炒匀，掺入鲜汤烧沸。加盐、胡椒粉调好味，淋入红油，起锅装入垫有白萝卜条的三格火锅一边内。炒锅治净置旺火上，放入油烧热，下入干辣椒、花椒籽炒至棕黑色；放入豆瓣酱、熟糍粑辣椒、姜片、蒜瓣炒至有香味，下入油卤熟羊脚炒匀；掺入少许鲜汤，加盐、味精、鸡精、胡椒粉翻炒均匀；放入芹菜段、洋葱块炒匀，淋入红油，起锅装入垫有酸萝卜丝的三格火锅另一边内，撒入白芝麻。炒锅治净置旺火上，放入牛骨汤烧沸，投入牛脚块，加盐、胡椒粉调好味，起锅装入中间垫有黄豆芽三格火锅内。撒入葱节、枸杞，上桌开火食用，配多味蘸水即成。

4）制作关键

长时间焯水除尽腥味，再冲漂干净。

5）类似品种

清炖三脚、干锅三脚。

6）营养分析

能量7 127.9千卡，蛋白质470克，脂肪514.9克，碳水化合物159.4克。

任务40 老水城烙锅

1）火锅赏析

烙锅起源于明末清初。康熙三年（公元1664年），时封平西王的吴三桂调兵镇压水西彝族土司。官兵到达水西后粮草严重不足，官兵们取来屋顶瓦片和腌窖食物的瓷器土坛，架在火上用猎获的荤素野味野菜、洋芋等烤烙充饥。不料，这无奈之举竟让人们发明了一款美味。如今，到六盘水不吃烙锅，等于没到过六盘水。老水城烙锅以盛器与地域同时体现在火锅名称里来命名，采用烙的烹调方法制作，麻辣味型，用料随意，麻辣鲜香，风味别致。

2）火锅原料

鲜猪板筋条、鲜牛肉片、熟猪肉皮条、鲜鸡杂各150克，熟五花肉片200克，火腿肠片100克，白豆腐片、饵块粑片、莲藕片各200克，鲜虾200克，洋芋粑2个，臭豆腐6块，芹菜段100克，折耳根粒50克，葱花30克，香菜段30克，蒜苗段10克，枸杞3克，红枣5克，香脆丝菌150克，熟菜籽油100克，盐6克，味精1克，花椒面3克，煳辣椒面10克，特制五香辣椒粉50克，酱油5克。

3）工艺流程

①将各种主料、辅料分别择洗干净，切成半成品。

②将备好的原料按照洋芋、猪肉、丝菌、芹菜、牛肉、臭豆腐、虾、胡萝卜、鸡杂、香菜、香葱、大蒜苗、菜椒的顺序依次在烙锅中烙熟。

③用煳辣椒面、花椒面、盐、味精调制的干碟和用煳辣椒面、花椒面、盐、味精、酱油、醋、折耳根、香葱兑制的蘸水边烙边蘸食。

4）制作关键

食材要新鲜，按照从荤料到素料的顺序依次下锅。

5）类似品种

烙锅飞天鹅、烙锅斗鸡。

6）营养分析

能量7 127.9千卡，蛋白质469.1克，脂肪514.9克，碳水化合物159.4克。

项目5

贵州名点名小吃

教学名称： 贵州名点名小吃

教学内容： 贵州小吃制作

教学要求： ①让学生了解贵州名点名小吃品种。

②让学生赏析贵州名点名小吃特色。

③让学生学习和试做贵州名点名小吃。

④让学生可以举一反三应用贵州名点名小吃。

课后拓展： 让学生课后撰写一篇贵州名点名小吃的学习心得，通过网络、图书等多种渠道查阅贵州名点名小吃的品种及应用，按照自己的思考分类归纳。

贵州名点名小吃个性鲜明，以其特有的风格，色彩厚重的特点，传统饭粥食俗和特色民族民间茶食“五食”而繁盛。

贵州名点名小吃具有辣、酸、香突出的“三味”地方风格，以食物原料的广谱性和小吃品种的变异性“二性”为区域特征。

模块1　五彩缤纷米粉饭

任务1　花溪牛肉粉

1）小吃赏析

在贵阳市南部著名的花溪风景旅游区，赶集之日，赶集者吃一碗牛肉粉作中餐，已成习惯。鲜香醇厚、分量充足、价廉的牛肉粉，吸引了来自四面八方的食客，并誉传各地，发展成为一大品牌。花溪牛肉粉以名小吃产地、主料和辅料同时体现在小吃名称里来命名，采用烧、炖、煮的烹调方法制作，咸鲜味型、香辣味型、麻辣味型，汤质浓厚鲜香，米粉软糯绵长，牛肉软硬适度，味美可口。

2）小吃原料（按100碗计）

牛肉20千克，糖色500克，干辣椒80克，花椒20克，八角30克，砂仁30克，草果20克，陈皮50克，小茴香15克，鲜米粉200克，牛肉原汤100克，酸菜30克，混合油（含精炼油、牛油、化猪油）50克，煳辣椒面15克，花椒面5克，味精3克，鸡精2克，盐7克，酱油8克，醋5克，香菜10克。

3）工艺流程

①将牛肉洗净切大块入锅，煮至断生捞出。一半投入锅内加糖色、香料等卤至熟透，切大薄片；另一半切丁炖至烂熟。酸菜切碎片，香菜切段。

②鲜米粉投入沸水中烫熟，捞入大碗内，将牛肉切片，与牛肉丁、酸菜、香菜放于粉上，舀入原汁牛肉汤、混合油即可。

4）制作关键

清片牛肉白卤熟而不散烂，红烧牛肉烧至软糯。

5）类似品种

安顺牛肉粉、正安牛肉粉、兴仁牛肉粉。

6）营养分析

能量982千卡，蛋白质54.6克，脂肪8.6克，碳水化合物172克。

任务2 遵义羊肉粉

1）小吃赏析

酒文化名城遵义，历史上曾盛产山羊，早在明代时，遵义城就有羊肉粉面市。经不断改进和提高，遵义羊肉粉成为著名的地方传统风味小吃，目前已遍及贵州各地，在全国不少大中城市也有经营遵义羊肉粉的店。遵义羊肉粉以名小吃产地、主料和辅料同时体现在小吃名称里来命名，采用炖和煮的烹调方法制作，咸鲜味型，麻辣味型，片软而不烂，色泽红润，鲜香不膻。米粉雪白如玉，爽滑微韧。汤汁清澈，不浑不腻。原汤、原汁、原味特点突出。各种调料提鲜增香，辣香味浓。

2）小吃原料

羊骨头1 000克，米粉125克，带皮熟羊肉30克，熟羊杂20克，羊肉原汤100克，猪羊混合油20克，酱油8克，盐5克，煳辣椒面20克，胡椒面2克，花椒面3克，葱花4克，香菜6克。

3）工艺流程

①将去净肉的羊骨头洗净放入锅底，加清水烧沸后，将备好的羊肉分数次下锅煮熟捞出（用小锅煮，保持汤鲜）。晾至还有余热时，用纱布将羊肉包成长方形，用重物压干后取出，切成大薄片，取用30克。

②取精米粉用凉水淘散，去掉酸味，捞入竹丝篓内，放入沸水锅中烫熟、烫透，盛于大碗内。将羊肉片、羊杂碎盖于粉的上面，舀入原汁羊汤，加混合油、酱油、煳辣椒面、花椒面、盐、胡椒面、葱花、香菜等即成。

4）制作关键

煮羊肉前，清水漂肉，以平缓肉色一致。

5）类似品种

金沙羊肉粉、水城羊肉粉、兴义羊肉粉。

6）营养分析

能量506千卡，蛋白质15克，脂肪4.4克，碳水化合物101.9克。

任务3 辣鸡丁米皮

1）小吃赏析

米皮由籼米制作而成。米皮色白光润、皮薄、细软、柔韧，吃起来劲道十足，加上糍粑辣椒炒的辣子鸡丁，鸡肉味浓厚，辣椒香辣，汤红油亮，油而不腻，辣、筋、爽、凉，别有一番风味。辣鸡丁米皮以主料和辅料同时体现在小吃名称里来命名，采用烧、煮和拌的烹调方法制作，香辣味型，鸡肉香辣可口，米皮嫩滑爽口。

2）小吃原料（按 18 份计）

公鸡 1 只（约 2 000 克，单份实耗 100 克），米皮 150 克（1 碗量），糍粑辣椒 200 克，花椒 5 克，姜 20 克，葱花 30 克，大蒜 30 克，盐 15 克，味精 12 克，酱油 35 克，料酒 20 克。

3）工艺流程

①将鸡肉切成小丁，下入烧至八成热的油锅中，翻炒至断生，倒出。锅内留底油，下姜、蒜、糍粑辣椒、花椒炒出香味、色红，倒入鸡丁，烹料酒，调入盐、酱油，小火将鸡丁焖入味，加入味精翻匀，起锅盛入容器内作为粉哨。

②姜切成末，大蒜瓣用刀拍破，大葱切成 5 厘米长的段。

③米皮下沸水锅内烫透，捞出装入调有盐、味精、酱油、葱花、姜末、鲜汤的碗中，舀辣子鸡丁粉哨，撒葱花。

4）制作关键

米皮烫制时间不宜过久，糍粑辣椒水分不宜过干。

5）类似品种

辣鸡面、辣鸡粉、脆哨米皮。

6）营养分析

能量 197 千卡，蛋白质 23.55 克，脂肪 10.3 克，碳水化合物 4.2 克。

任务4 香肉锅巴粉

1）小吃赏析

贵州街边常见的锅巴粉不下100种。锅巴粉，尤其是香肉锅巴粉，是铜仁特产。锅巴粉以绿豆做原料，能清火减热，爽口提神，粉丝绵软，口感筋道。香肉锅巴粉以主料和辅料同时体现在小吃名称里来命名，采用炖和煮的烹调方法制作，咸鲜味型、椒香味型，粉质绵长爽口，汤鲜、椒香、味美。

2）小吃原料

锅巴粉120克，清汤熟狗肉50克，香菜末15克，油辣椒6克，盐1克，味精1克，胡椒粉1克，花椒粉1克。

3）工艺流程

锅巴粉在沸水锅中快速烫熟，装入碗中，加入煮狗肉的原汤，调入油辣椒、盐、味精、胡椒粉、花椒粉，放香菜末即可。

4）制作关键

①狗肉一定要氽水，去掉多余的血水，汤汁才清澈鲜美。

②狗肉熟而不烂，保持一定的嚼劲。

5）类似品种

双椒肉末锅巴粉、酸汤锅巴粉。

6）营养分析

能量463.6千卡，蛋白质9.4克，脂肪2.5克，碳水化合物101.3克。

任务5 农家锅巴饭

1）小吃赏析

制作锅巴饭时，首选农村传统的土灶铁锅，这样才能做出最原始的味道。锅巴饭用文火烤制而成，加上个人喜欢的各式时蔬和肉类，不单单是主食荤素搭配合理，营养丰富，更是口味独特，经济实惠，方便好吃。农家锅巴饭以成品特色和主料同时体现在小吃名称里来命名，采用炒、煮、焖的烹调方法制作，咸鲜味型，香味扑鼻，菜饭合一，美味可口。

2）小吃原料

大米500克，洋芋（土豆）300克，四季豆200克，猪油50克，盐5克。

3）工艺流程

①大米淘洗干净，入沸水锅中煮至八成熟（观感油亮不白，手感无硬心）时捞出，滤出米汤。

②另锅上火，下猪油，洋芋、四季豆下锅，炒至半熟，调入盐，将半熟的米饭放在菜上，覆盖，倒入一些米汤或水，加锅盖，中火烧至充气（水蒸气从锅边冒出），改小火焖熟透即可。

4）制作关键

油要选用猪油，注意火候。

5）类似品种

洋芋饭、红薯饭、猪油青菜饭。

6）营养分析

能量2 476.5千卡，蛋白质47克，脂肪55.2克，碳水化合物454.4克。

任务6 五色糯米饭

1）小吃赏析

糯米饭可以用山间植物作染料，蒸成黑、黄、红、紫、白五色，五彩艳丽，米香夹着植物的清香，香味扑鼻。黑米，用嫩枫叶煮汁染成；黄米，用密蒙花染成，紫色草可把米染成紫色；红米则用苏木液浸泡染成，加上白米成五色。五色糯米饭以主料和成品颜色命名，采用浸泡和蒸的烹调方法制作，原汁原味，软糯清香，米香味浓，色泽亮丽。

2）小吃原料

本地白糯米 500 克，白糖 100 克，枫香叶（黑色）50 克，密蒙花（黄色）50 克，苏木液（红色）50 克，紫色草（紫色）50 克。

3）工艺流程

①将糯米洗净，浸泡 4 小时后滤干水，分成 5 等份。其中，用不同颜色的 4 种植物汁液浸泡，分别染成黑、黄、红、紫色。

② 4 种染色糯米与白糯米分别上笼蒸熟，取出装入盘中造型，撒上白糖即成。

4）制作关键

①蒸制时间不宜过久，保持颗粒分明，形态饱满。

②夏天染色浸泡的时间不宜过久，否则易变质。

5）类似品种

五色水晶粽、五色剪粉。

6）营养分析

能量 2 150 千卡，蛋白质 36.5 克，脂肪 5 克，碳水化合物 491.4 克。

任务7 鸭肉糯米饭

1）小吃赏析

在贵州的早餐结构中，糯米饭、粉、面被列为“三大样”。糯米饭相当于北方的包子、馒头。贵州的糯米饭花色品种繁多，其中，以黔西南布依族苗族自治州贞丰县的鸭肉糯米饭和排骨糯米饭最具特色，营养丰富，滋味香美，风味独特。糯米饭洁白软糯，软绵清香。鸭肉皮黄酥脆，肉质细嫩，入嘴满口生香。锅底烤黄但未焦化的黄色锅巴，硬脆干香，铲上一块夹鸭肉片吃，别具一番风味。鸭肉糯米饭以主料和辅料同时体现在小吃名称里来命名，采用炒、焖的烹调方法制作，咸鲜味型，鸭肉飘香四溢，米香浓郁，油而不腻。

2）小吃原料（按20碗计）

鸭子1只（约2 000克），糯米2 000克，猪油100克，盐10克，料酒20克，姜汁50克，五香粉12克，味精5克。

3）工艺流程

①将处理好的鸭子用盐、五香粉、料酒、姜汁、味精腌制1天，让鸭子入味。

②鸭子入锅中煮熟捞出，沥干水分，放入油锅炸至金黄，晾冷切片备用。

③糯米浸泡3小时以上，过滤水分，放入锅中蒸熟备用。锅中上火加入猪油，放入糯米饭、盐搅拌均匀即可，用小火保持糯米饭的温度并形成锅巴。食用时，加入切好的鸭肉即可。

4）制作关键

①炸鸭子时，油温不宜过高，颜色不宜过老。

②鸭子刚刚煮熟断生即可，要保持鸭皮的完整。

③糯米不宜过软，要保持颗粒分明。

5）类似品种

排骨糯米饭、腊肉糯米饭、脆哨糯米饭。

6）营养分析

能量192.4千卡，蛋白质51.5克，脂肪69.6克，碳水化合物27.43克。

任务8 苗家鸡稀饭

1）小吃赏析

苗家鸡稀饭是黔东南、黔南苗族地区人们最爱的小吃之一。在制作过程中，撒米时从鸡头撒至鸡尾，以表示友好；酸汤和水要一次性加足，中途不能再加水。在煮制过程中，米糊化吸收了油脂，虽然看不见油，但营养丰富，粥味鲜美，鸡肉香嫩。鸡可单独吃，也可混合吃。席间融入民族食俗，主勤客尊，更加别具风味。苗家鸡稀饭以地方民族、主料和辅料同时体现在小吃名称里来命名，采用煮的烹调方法制作，清香味型，汁稠色亮，鲜香软糯，营养丰富。

2）小吃原料（按2份计）

土公鸡1只（约1 250克），大米500克，清米酸汤500克，黄瓜皮汁500克，盐5克。

3）工艺流程

①公鸡宰杀后，热烫拔毛，去内脏，清洗干净；大米淘洗干净。

②公鸡入锅，注入清米酸汤、黄瓜皮汁和清水，大火烧开，去沸沫，改小火炖至半熟时，撒入大米，随后将鸡取出，切成小块，再放入锅中煮至大米烂成稀饭时，调入盐即成。

4）制作关键

①不需要用过多的调味材料，只需要掌握好熬制时间和火候。

②大米要选用糯性好的。大米下锅后要随时搅拌，防止粘锅。

5）类似品种

鸡煮菜稀饭、香猪菜稀饭、龙骨稀饭。

6）营养分析

能量2 085千卡，蛋白质190克，脂肪34.7克，碳水化合物252.7克。

任务9 土家族社饭

1）小吃赏析

土家族社饭是居住在铜仁的土家族人每年二月“社日”必食的“佳节饭”。其做法是：于节日前上山摘来苦蒜、社菜，洗净剁碎，放于锅中焙干。先将肥腊肉炒香，铲出待用。煮饭时，以三份糯米和一份粳米混煮，粳米半熟后方下糯米，然后将米汤滗净，放入社菜、胡葱和腊肉，搅拌均匀，阴火焖熟。青蒿、苦蒜有特殊的清香，且黏附于饭表，气味渗透其中。腊肉香味浓郁，两种米饭综合，色泽晶莹透亮，油而不腻，揭开锅盖，香气盈室，其味妙不可言。土家族社饭以地方民族、节日和主料同时体现在小吃名称里来命名，采用煮和蒸的烹调方法制作，咸鲜味型，香味扑鼻，黏糯适中，酥而爽口，可除瘴去毒，强益胆气。

2）小吃原料（按4份计）

粳米1 500克，糯米100克，腊肉400克，青蒿500克，苦蒜250克，盐10克，茶油20克。

3）工艺流程

①青蒿嫩芽洗净切细，挤去部分苦汁，茶油入锅烧热。炒青蒿至色黄出锅，再次挤除苦水。

②将苦蒜的茎叶洗净切成苦蒜花；腊肉洗净，切成豆大的颗粒。

③粳米经淘洗后，放入沸水锅中稍煮片刻，捞至筲箕中滤去水分，与用温水浸泡过的糯米连同腊肉丁、青蒿、苦蒜、盐拌匀，松散地舀入木甑内盖好，用猛火快速加热至冒大气半小时即成。

4）制作关键

①青蒿选用嫩芽，去除部分汁水，减少苦涩味。

②茶油不宜过多，没有茶油也可以用菜油代替。

5）类似品种

芥菜饭、棉菜粑。

6）营养分析

能量1 968.4千卡，蛋白质45克，脂肪56.4克，碳水化合物324.8克。

任务10 灌汤八宝饭

1）小吃赏析

灌汤八宝饭是婚嫁喜宴的必备甜品。其主要原料为糯米、红枣、薏米、莲子、豆沙、冬瓜糖、咸鸭蛋、白糖8种，故名“八宝饭”。灌汤红糖八宝饭的制作很特别，选用上等糯米清水淘净，浸透后用猪油（或花生油）加水、白糖炒熟成干饭状，再加上预先蒸好的红枣、莲子、豆沙、鸭蛋等，放在蒸笼清蒸片刻。翻扣碗底后，还要用红糖熬糖汁浇灌在八宝饭上。灌汤八宝饭具有香甜可口、健脾益胃的特点，补肾化湿，老少咸宜。灌汤八宝饭以主料和辅料同时体现在小吃名称里来命名，采用蒸、煮、灌汤和浇汁的烹调方法制作，甜香味型，颜色鲜艳，营养丰富，健脾除湿，甜而不腻。

2）小吃原料

糯米500克，薏仁米50克，红枣20个，莲子肉（去心）50克，核桃肉（炒熟）50克，龙眼肉50克，咸鸭蛋25克，冬瓜糖10克，豆沙20克，白糖20克，猪化油5克，红糖120克。

3）工艺流程

①糯米蒸熟，薏仁米泡发煮熟，红枣泡发，核桃肉炒熟。

②取大碗一个内涂猪化油，碗底摆好龙眼肉、红枣、核桃肉、莲子肉、咸鸭蛋、薏仁米，然后放白糖拌匀的熟糯米饭，再上蒸锅蒸20分钟。将八宝饭扣在大碗中，用红糖加水熬汁灌进去即可。

4）制作关键

①薏仁米、红枣、莲子肉、咸鸭蛋、龙眼、核桃肉等要摆放整齐，倒扣出来才美观。

②八宝饭要趁热倒扣，冷后易粘。

5）类似品种

南瓜八宝饭、紫米八宝饭、夹沙肉。

6）营养分析

能量3 174千卡，蛋白质62.2克，脂肪42.6克，碳水化合物642克。

模块2　天天见面风味多

任务11　贵阳肠旺面

1）小吃赏析

贵阳肠旺面是久负盛名的百年风味小吃，用猪大肠、新鲜的猪血旺和鸡蛋面制作而成。其配料和调料有20多种，主料和配料的制作也非常讲究。贵阳肠旺面具有血嫩、面脆、辣香汤鲜的风味和口感，且“肠旺”（“常旺”）寓意吉祥。贵阳肠旺面以产地、主料和辅料同时体现在小吃名称里来命名，采用煮的烹调方法制作，香辣味型，肉哨香脆，肠旺鲜嫩，辣而不猛，油而不腻，汤鲜味美，回味悠长。

2）小吃原料（按25碗计）

面粉1 500克，鸡蛋15个，猪大肠750克，猪槽头肉或五花肉2 000克，猪血旺50克，肠油和猪板油合炼的猪化油1 500克，糍粑辣椒500克，甜酒汁50克，酱油10克，味精3克，姜30克，八角15克，花椒15克，山柰10克，醋100克，盐30克，姜米20克，蒜米20克，豆腐乳15克，葱花5克，葱50克。

3）工艺流程

①用清水洗肠，将肠内外翻洗干净，取出黏附在肠上的肠油。加醋、盐反复搓揉，用沸水略氽后捞出，再用盐、醋搓洗1次，去腥味然后切成约35厘米长段。将花椒、八角、山柰与肥肠一起放入沸水锅中煮至半熟捞出，切成4厘米长的肠片。再入锅，加入拍破的老姜和葱搅拌，放砂锅内用文火煨炖至熟而不烂。

②将猪的槽头肉或五花肉去皮，肥瘦分开，切成1厘米见方的丁。将锅烧热下肥肉丁，加盐和甜酒汁，合炒至肥肉丁呈金黄色时倒入瘦肉丁。炸出油后，用冷水激一下，逼出肉内余油。待肥肉丁略脆时，将锅离火，再下醋、甜酒汁翻炒，然后调至文火炒15分钟左右，起锅滤油即成。

③将大肠油和脆哨油混合后下锅烧沸。下辣椒炼至油呈红色，将豆腐乳加水解散，与姜米、蒜米一同入锅，至辣椒呈金黄色时沥出油。辣椒渣加水煮，使之煮出余油，再沥出油（辣椒渣不用）即成红油。

④将15个鸡蛋打破，放入1 500克面粉内按揉成硬面团，然后压成薄片，使之软细如绸缎（操作方法行内称“三翻四搭九道切”）。将芡粉扑撒在叶子面上，并将叶子折叠起来，切成银丝状的细面或1厘米宽的面条。将之分成100克1份的多份，逐次摆入瓷盘内。用润湿的纱布盖好，即成人工鸡蛋面。

⑤锅内加水烧沸，将面放入锅内煮至翻滚约1分钟，用竹筷捞出检查，看是否“撑脚”（即成熟）。如“撑脚”，即用竹篓漏勺捞入碗中，加适量鸡汤，再用漏勺取生猪血旺50克左右，在面锅内略烫一下，盖在面条的一边。然后，用竹筷夹4～5片肥肠放在另一边，撒脆哨，淋酱油、红油，加葱花、味精即成。

4）制作关键

①选用的大肠越肥越好。制作脆哨时，火不宜过大。

②将制作好的鸡蛋面分成100克1份的多份，盘好，并用润湿纱布盖好，煮面时间不宜过久。

5）类似品种

脆哨面、辣鸡肠旺面、猪脚面。

6）营养分析

能量1 159千卡，蛋白质19.9克，脂肪91.6克，碳水化合物63.6克。

任务12 遵义豆花面

1）小吃赏析

遵义豆花面起源于遵义，是遍布贵州和各地黔菜馆的一道色香味俱全的地方风味小吃。它选用薄而透明的宽刀鸡蛋面，以豆浆为汤，熟后放上豆花，豆花口感细嫩软绵并有清火的作用。辣椒蘸水有荤素两种，在遵义市以老城一带最有名。遵义豆花面以产地、主料和辅料同时体现在小吃名称里来命名，采用煮的烹调方法制作，香辣味型，清爽不油腻，清香、美味、可口，香辣不燥。

2）小吃原料

宽面条100克，豆花80克，豆浆180克，炒熟肉丁或鸡丁30克，炸花生15克，油辣椒20克，姜末1克，蒜蓉1克，鱼香菜（薄荷叶）1克，葱花2克，酱油2克，味精1克。

3）工艺流程

①面粉中加入鸡蛋，加食用碱搅拌均匀制作成宽面条。面条放入烧沸的水中，煮熟捞于面碗中，再放入热豆浆和豆花。

②在蘸碟中放入炒好的肉丁或者鸡丁、油辣椒、姜末、蒜茸、鱼香菜、葱花、酱油、味精等，即可蘸着食用。

4）制作关键

①豆花选用酸汤点制味道更好。

②鸡蛋面擀薄一点，口感细腻。

5）类似品种

酸菜豆花面、香菇鸡丁面。

6）营养分析

能量474.9千卡，蛋白质11.3克，脂肪11.2克，碳水化合物65.2克。

任务13 兴义杠子面

1）小吃赏析

兴义杠子面是中国名小吃。成品面筋道，汤鲜，清香味醇，入口滑脆，是面中一绝。兴义杠子面以产地和主料同时体现在小吃名称里来命名，采用手工压面和煮的烹调方法制作，咸鲜味型，香辣味型，劲脆鲜香，入口顺滑，原料简单。

2）小吃原料

猪后腿肉2 000克，土母鸡1只（约2 000克），猪龙骨1 000克，猪筒子骨1 000克，姜块50克，香葱段50克，杠子面条100克，熟猪瘦肉30克，盐1克，肉末油辣椒10克，酱油5克，陈醋3克，胡椒粉1克，葱花5克，原汤200克。

3）工艺流程

①制汤：将猪后腿肉、土母鸡、猪龙骨、猪筒子骨、姜块、香葱段放入大汤锅，注入清水淹没，大火烧沸，撇去浮沫，改小火炖2小时。加盐调味，猪腿肉取出留用，原汤保温待用。

②将熟猪肉切成丝，杠子面放入沸水中煮熟，捞出装碗中。注入原汤，放猪肉丝、肉末油辣椒、盐、酱油、陈醋、胡椒粉，撒上葱花即成。

4）制作关键

①杠子面在制作上讲究传统技法，有压、拉、切等制作方法。

②选用特精面粉。

5）类似品种

鸡丝面、手工面。

6）营养分析

能量405千卡，蛋白质11.26克，脂肪11.2克，碳水化合物65.22克。

任务14 酸汤龙骨面

1）小吃赏析

酸汤龙骨面是贵州宴席必备小吃，多配搭干炸菜一同上席。一是缓解干炸菜的干，用汤融合；二是干炸菜多辣，用酸汤和味；三是可提前填填肚子。面条的选择多样，以汤酸鲜醇厚，面条筋道，口味清淡为佳。酸汤龙骨面以主料和辅料同时体现在小吃名称里来命名，采用制汤和煮的烹调方法制作，酸鲜味型，开胃爽口。

2）小吃原料

鸡蛋面 120 克，龙骨汤 50 克，红酸汤 30 克，豌豆苗 20 克，盐 2 克，味精 1 克，酱油 1 克。

3）制作工艺

①将红酸汤与龙骨汤、盐、味精、酱油调成面汤。

②将豌豆苗煮熟装入碗底。

③将鸡蛋面煮熟，放入垫有煮熟的豌豆苗的碗中即成。

4）制作关键

面条选用鸡蛋面，口感顺滑，汤汁多、面少。

5）类似品种

酸汤牛肉面、酸汤砂锅粉。

6）营养分析

能量 475 千卡，蛋白质 17.07 克，脂肪 1.69 克，碳水化合物 96.25 克。

任务15 鸡纵薏仁面

1）小吃赏析

薏仁面条、油炸鸡纵都是兴仁特产。混合老法制作的鸡纵薏仁面，只能在兴仁品到爽。它咸鲜辣香，口感筋道，风味突出。鸡纵薏仁面以主料和辅料同时体现在小吃名称里来命名，采用煮和干熘（即热拌）的烹调方法制作，香辣味型，颜色鲜艳，口感筋道，有美容养颜、清热解热、健脾利湿等功效。

2）小吃原料（按 10 碗计）

小白壳薏仁面条 500 克，鸡纵菌油 100 克，绿豆芽 50 克，黄瓜 50 克，西红柿 50 克，自制辣椒酱 30 克，辣椒油 15 克，花椒油 5 克，盐 2 克，白糖 3 克，酱油 6 克，醋 8 克，蒜泥 10 克，葱花 5 克，辣椒油 15 克，花椒油 5 克。

3）工艺流程

①将薏仁面条煮至断生，用香油拌匀上笼蒸熟，晾凉；将黄瓜和胡萝卜切丝，跟豆芽一起氽水晾凉，备用。

②将薏仁米凉面条放入盘底；将黄瓜、胡萝卜、豆芽一起放到上面；将鸡纵菌油、辣椒油、盐、酱油、醋、蒜泥、香油、辣椒酱等调成酱汁淋入，撒上葱花即成。

4）制作关键

宽汤煮面，中途不要加水。

5）类似品种

鸡丝薏仁凉面、酸汤薏仁面。

6）营养分析

能量 188.9 千卡，蛋白质 5.9 克，脂肪 2.4 克，碳水化合物 35.5 克。

任务16 石板芙蓉包

1）小吃赏析

石板芙蓉包是中国名点，也是宴席菜的典范。其色香味形器俱佳，适宜家庭效仿。入口软和，口味清新。石板芙蓉包以制作工具和主料同时体现在小吃名称里来命名，采用包和生煎、蛋煎的烹调方法制作，咸鲜味型，蛋香扑鼻，颜色鲜艳，酥脆柔韧交替。

2）小吃原料

小肉包10个，包子肉末馅30克，鸡蛋3个，香葱花3克。

3）工艺流程

取一盖子石锅或铁板，上火慢慢烧热，放上包子，浇上包子馅，淋上打散的鸡蛋液，加盖1分钟。上桌揭开盖子，撒葱花。因蛋液入锅时，水分在石锅热度上的蒸汽使包子下热上汽，快速温热并融入肉馅口味，蛋香扑鼻，色艳味香，形似芙蓉花开。

4）制作关键

①选用新鲜鲜肉包，待包子加热后，再放到锅中进行加工。

②火候不宜过大。

5）类似品种

鸡蛋煎饺、石锅烹蛋。

6）营养分析

能量895千卡，蛋白质52.36克，脂肪30.51克，碳水化合物101.47克。

任务17 百年丝娃娃

1）小吃赏析

百年丝娃娃因包装形状酷似襁褓中的婴儿命名。其吃法新颖，多味合一。加鸡蛋摊制的面皮为富贵丝娃娃；加热鸡汤为热汤丝娃娃；加酸汤为酸汤丝娃娃。百年丝娃娃以成名时间、成品外形和主料同时体现在小吃名称里来命名，采用烙和卷的烹调方法制作，体验性强，有酸辣味型、香辣味型等多种味型，外软里脆，清爽可口。

2）小吃原料

①春卷皮原料：面粉 200 克，水 230 克，盐 2 克，鸡蛋 1 个。

②馅料原料：熟银芽 50 克，海带丝 50 克，胡萝卜丝 50 克，黄瓜丝 50 克，熟鸡丝 50 克，盐 8 克，味精 3 克，红油辣椒 10 克，酱油 8 克，醋 10 克，姜米 3 克，蒜米 5 克，葱花 6 克，鲜汤 15 克，酥黄豆 10 克，折耳根节 15 克，香菜末 6 克。

3）工艺流程

①面粉中加入盐、水、鸡蛋制作成较稀的面团，醒发 2 个小时。

②平底锅烧，热面团在平底锅中间旋转一圈拿起，不均匀地方可像蜻蜓点水一样用面团补均匀，熟透拿起即可做好春卷皮。

③用春卷面皮包裹银芽、海带丝、胡萝卜丝、黄瓜丝、鸡丝，一头大，一头小。大头馅稍露出头，小头留空，反过来包裹，仿佛用棉被包小孩的样子。淋入用盐、味精、红油辣椒、酱油、醋、姜米、蒜米、葱花、鲜汤、酥黄豆、折耳根节、香菜末等调制的蘸水即可。

4）制作关键

①制作春卷皮的面粉要选用中筋粉，面团偏稀。加水时，缓慢加入，容易掌握。

②烙皮时，一直使用小火，锅中不要粘油。

5）类似品种

油炸春卷、卷皮烤鸭。

6）营养分析

能量 834.3 千卡，蛋白质 35.2 克，脂肪 5.8 克，碳水化合物 163.4 克。

任务18 兴义刷把头

1）小吃赏析

《黔菜传说》诗云：“兴义郑记刷把头，百年名点美誉留。皮薄馅大香味美，蘸上香辣口水流。”兴义刷把头是中国名小吃，它源于清末的百年老字号，是贵州烧卖头牌。兴义刷把头以金竹笋炒肉末做馅，灌辣椒蘸水而食，咸鲜辣香。兴义刷把头以地名和成品外形同时体现在小吃名称里来命名，采用包和蒸的烹调方法制作，蘸水、灌汤、蘸食。有咸鲜味型和香辣味型，口感劲道。竹笋干香味浓郁，肉香醇厚。

2）小吃原料

面粉 500 克，水发金竹笋 500 克，鸡蛋 2 个，猪瘦肉末 250 克，干芡粉 50 克，红油辣椒 20 克，盐 15 克，酱油 8 克，醋 8 克，胡椒粉 6 克，香油 3 克，葱花 20 克。

3）工艺流程

①水发金竹笋洗净，切成细粒，放入猪油锅上火；加盐、胡椒粉炒香入味，起锅装入盛器；放猪肉末、葱花、芡粉搅拌制成馅料。

②在面粉中加入鸡蛋，加水、盐和匀揉成面团。下剂子 50 个，捏成圆形面皮，均匀地擀成荷叶状。将馅料放在面皮上，捏拢收口呈刷把状，放入笼中，大火蒸 8 分钟至熟取出装盘。

③取小碗放红油辣椒、盐、酱油、陈醋、胡椒粉、香油、葱花等调制成蘸水，随蒸熟的刷把头上桌蘸食。

4）制作关键

蒸制时间不宜过久，选择大火蒸 7 ~ 8 分钟。

5）类似品种

烧卖、鲜肉烧卖。

6）营养分析

能量 59.7 千卡 / 个，蛋白质 2.3 克 / 个，脂肪 2.2 克 / 个，碳水化合物 7.9 克 / 个。

任务19 遵义鸡蛋糕

1）小吃赏析

遵义鸡蛋糕是黔北名产，已有百余年历史。相传，最初由一姓周的商人创制经营，而后逐渐成名。如今，遵义鸡蛋糕作为当地旅游食品和休闲食品中最大的一宗，广泛分布于贵州城乡，是早餐和宴席上必不可少的品种。现多用机械化流水线生产，以打蛋机打蛋，用隧道式远红外线高热电炉烘烤，生产效率高，卫生、品质好，其中，也有一部分用传统手工操作。鸡蛋糕的传统烘烤方法，是用拗锅和铜制蛋糕盒子制作，其过程是：先用小磨香油抹盒子，舀入搅打均匀的浆料，加热烤熟，出炉后挑去糕耳，上香油增香即成。遵义鸡蛋糕以产地、成品外形和主料同时体现在小吃名称里来命名，采用烤的烹调方法制作，有甜香味型、椒盐味型、葱香味型。遵义鸡蛋糕外表油润，质地松软，细腻柔软，口味香甜清爽，色泽深黄，小巧玲珑。每500克约40只，富有弹性，断面金黄，蛋香浓郁，容易消化。

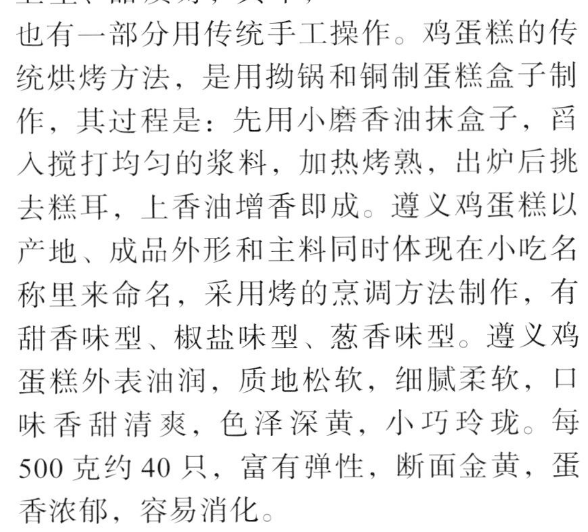

2）小吃原料

鸡蛋500克，面粉300克，白糖200克，香油30克。

3）工艺流程

①将鲜鸡蛋搅打成泡沫浆，按顺序加入白糖、香油、面粉，搅打成松软糊状。

②倒入模内，放入特制的高温烤炉中烘烤10～15分钟，倒出即可。

4）制作关键

①鸡蛋、白糖、面粉比例，冬天为5∶5∶2，夏天为2∶2∶1。

②鸡蛋必须新鲜，手工制作时，要先搅打蛋白，使之充气成泡后，再与蛋黄混合。搅打至2～3倍原液体积时，加入其他料搅浆。这是保证糕质松软可口的关键。

5）类似品种

全蛋小蛋糕、无水脆皮蛋糕、蒸鸡蛋糕。

6）营养分析

能量81.5千卡/个，蛋白质3克/个，脂肪1.3克/个，碳水化合物14.52克/个。

任务20　山野五色饺

1）小吃赏析

山野五色饺源于五色糯米饭的工艺，颜色鲜艳，清香味浓郁，具有保健作用。以往饺子颜色单调，过于平常，后来用果蔬进行染色，颜色非常漂亮。但在加热过程中发现，果蔬染色易褪色。多次研究后发现，只要时间操控好，颜色一样鲜艳漂亮。黄色以南瓜为主，红色以火龙果为主，蓝色为蝶豆花，浅棕色为全黑小麦粉。山野五色饺以色彩和主料同时体现在小吃名称里来命名，采用包和煮的烹调方法制作，蘸水蘸食。山野五色饺有咸鲜味型、香辣味型等。面皮有淡淡的清香，肉馅醇厚，颜色鲜艳，清爽而不油腻。

2）小吃原料

南瓜 100 克，蝶豆花 50 克，全黑小麦粉 50 克，火龙果 100 克，鸡蛋清 2 个，面粉 1 000 克，盐 8 克，水适量，猪肉韭菜馅适量，胡辣椒、黄豆酱油、香醋、酥黄豆、姜蒜水、盐、味精、蔬菜、葱花适量。

3）工艺流程

①将南瓜削皮上锅蒸熟制作成南瓜泥备用；火龙果洗净，和适量的水打成泥备用；蝶豆花加入适量开水提取颜色备用；面粉加盐、鸡蛋搅拌均匀分成 5 份，5 个粉团分别加入南瓜泥、火龙果汁、碟豆花水、全黑小麦粉、冷水，揉成 5 种颜色的面团，制作成饺子皮备用。

②饺子皮包上猪肉韭菜馅，下锅煮熟，蔬菜放入锅中烫熟，取一个盘子放入煮熟的蔬菜，再放入煮熟的饺子即可。

③取一个蘸料碗，放入胡辣椒、盐、味精、黄豆酱油、香醋、姜蒜水、酥黄豆和葱花等。食用时，将饺子蘸着吃。

4）制作关键

①制作饺子皮时，面团偏硬，有嚼劲。

②浸泡颜色的水可以选用热水，出色快；浸泡颜色的水用纱布过滤，避免有渣。

5）类似品种

五色包子、五色蒸饺、七彩面条等。

6）营养分析

能量 3 772 千卡，蛋白质 128.4 克，脂肪 17.8 克，碳水化合物 788.4 克。

模块3 薯粟豆荞杂粮齐

任务21 大山洋芋粑

1）小吃赏析

大山洋芋粑是街头小吃摊常见的传统小吃，吃起来外焦里嫩，香脆可口。蘸上五香麻辣面，或甜酱煳辣椒蘸水，别有一番风味。中医认为，洋芋有健脾、养胃、益气的功效。大山洋芋粑以主料和成型方法来命名，采用蒸煮和烙的烹调方法制作，蘸水或蘸碟蘸食，有咸鲜味型、香辣味型。成品两面金黄，外脆里嫩，鲜香麻辣。

2）小吃原料

洋芋500克，菜油50克，面粉50克，花椒面、葱花、盐、味精、酱油、折耳根末、姜末、煳辣椒面、泡酸萝卜、海带丝、熟花生碎等适量。

3）工艺流程

①将洋芋洗净，下锅煮熟、煮透，捞出剥去外皮，压蓉。加入面粉，调入盐、味精、葱花，拌匀，捏成厚2厘米、直径8厘米大小的洋芋粑。

②将折耳根末、海带丝、泡酸萝卜粒、姜末、盐、酱油、味精、煳辣椒面、花椒面、葱花、花生碎拌匀，调配成拌料或蘸料。

③平底锅上火，烧热，下少许菜油。下洋芋粑，中小火烙成两面金黄色、皮脆出锅，拌食或蘸食。

4）制作关键

①选料上，洋芋尽量选用淀粉含量高的。

②油不宜过多，会浸油。

③酱油选用原味黄豆酱油，味道才纯正。

5）类似品种

蛋包洋芋、烙糍粑。

6）营养分析

能量1 008.5千卡，蛋白质15.6克，脂肪51.7克，碳水化合物125.8克。

任务22 百年小米鲊

1）小吃赏析

百年小米鲊是深受人们喜爱的小吃，老人、小孩尤其喜爱。百年小米鲊清热解渴，健脾和胃，香甜软糯，滋润而不油腻，营养价值很高，富含蛋白质、脂肪和多种维生素。甜味小米鲊多由五花肉、甜肠、鲜水果和果脯制作；咸味小米鲊由腊肉、香肠和果仁制作。百年小米鲊以小吃成名时间和主料命名，采用蒸的烹调方法制作，咸甜味型，米糯肉嫩，香甜爽口，油而不腻。

2）小吃原料

五花肉150克，糯小米500克，猪油100克，花椒面8克，八角面5克，盐8克，酱油10克，红糖120克。

3）工艺流程

①五花肉切成肉丁，用花椒面、八角面、盐、酱油、拌匀腌制5小时。

②将糯小米淘洗干净，清水泡24小时，滤干水分，用碎红糖、熟猪油拌匀，拌入腌制好的五花肉丁，装碗，上笼蒸3小时即成。

4）制作关键

①小米要选择糯小米，口感才能软糯香甜。

②浸泡后的小米要用清水洗净，再沥干水分。

5）类似品种

小米杂粮糕、粗粮八宝饭。

6）营养分析

能量3 692千卡，蛋白质57.4克，脂肪168克，碳水化合物491.7克。

任务23 农家金裹银

1）小吃赏析

黄色的苞谷饭与白色的大米饭一起，呈现黄色包裹着白色，形似黄金包裹着白银，俗称金裹银。颜色鲜艳，质嫩爽口，营养丰富。苞谷饭看似简单，制作起来却很复杂，做得不到位，很难下咽。农家金裹银以适用范围和成型色彩命名，采用蒸的烹调方法制作，清香味型，颜色鲜艳，营养丰富，清香味浓，口感软糯。

2）小吃原料

黄色玉米面200克，大米50克。

3）工艺流程

①将玉米面用清水调湿，能散开，上甑（蒸锅）蒸上汽。大米用水煮至七分熟，滤出米汤留米。

②将玉米饭倒进簸箕内，洒少量清水，用勺压散，快速倒入米饭，一同上甑（蒸锅）再次蒸上汽即可。

4）制作关键

玉米面要全部浸湿，否则不易蒸熟，口感差。

5）类似品种

高粱米饭、洋芋饭、红薯饭。

6）营养分析

能量886千卡，蛋白质20.2克，脂肪7克，碳水化合物189克。

任务24　油炸苞谷粑

1）小吃赏析

油炸苞谷粑是选用每年五六月份成熟的鲜嫩玉米制作而成的一种风味小吃。制作简单，口味清新，营养丰富，现炸现吃，又香又脆。大众口味的油炸苞谷粑呈圆形，象征圆满。颜色金黄，象征富贵，是具有民族特色的风味小吃。油炸苞谷粑以烹调方法和主料命名，采用磨和炸的烹调方法制作，甜香味型，外脆里嫩，色泽金黄，清香浓郁。

2）小吃原料

新鲜糯苞谷 500 克，白糖 50 克，鸡蛋 1 个，花生油 500 克（实用 60 克）。

3）工艺流程

①将新鲜糯苞谷洗净，加少量清水，在石磨上磨成浆粑，加入鸡蛋，拌入白糖，捏成 25 ～ 30 克的饼状。

②锅加油烧至八成热，放入捏成形的饼，炸成外皮金黄色、内熟即成。

4）制作关键

①油温不宜过高，否则易煳，颜色差。

②水不宜过多，否则不易成型。制作时，可以倒入模具中炸到定型，这样形状更加均匀美观。

5）类似品种

油炸洋芋饼、油炸红薯鸡蛋饼。

6）营养分析

能量 760 千卡，蛋白质 20 克，脂肪 6 克，碳水化合物 164 克。

任务25 恋爱豆腐果

1）小吃赏析

恋爱豆腐果是贵阳地方小吃中的一朵奇葩。恋爱豆腐果，又名烤豆腐果，以其独特的风味和极富传奇色彩的历史，每天吸引了成千上万的食客。民间有“没吃恋爱豆腐果，等于未到贵阳街”的说法。抗战期间，贵阳是后方重镇之一，西南交通枢纽。1939年2月4日，贵阳被轰炸后，全城警报频传，跑警报的一些青年男女，常相聚在当时经营烤豆腐果的张华丰夫妇的店里以避空袭。时间长了，还真有不少因此成眷属的，成为当时街谈巷议的佳话。于是，烤豆腐果便有了“恋爱豆腐果”的美称。恋爱豆腐果以来源、主料和成型方式同时体现在小吃名称里来命名，采用烙或煎的烹调方法制作，蘸水灌汤蘸食，香辣味型，表皮微黄，体内洁白，薄皮松泡鼓起，口感细嫩，具有浓郁的辣香。食时辣、香、嫩、烫兼具，让人食欲大振。

2）小吃原料

豆腐500克，食用碱6克，煳辣椒面30克，盐5克，味精3克，酱油8克，香油3克，姜8克，葱花15克，折耳根末30克。

3）工艺流程

①将豆腐切成约2厘米×3厘米×5厘米的块状，放入碱水中浸泡1小时，取出自然发酵。

②将煳辣椒面、盐、味精、酱油、香油、姜末、葱花、折耳根末等调配成蘸水。

③灶内点燃锯木炭，上置铁网。将发酵的豆腐块置铁网上，两面烘烤至松泡鼓胀时，划破一边表皮，灌入蘸料即可食用。

4）制作关键

①发酵时间不宜过久。

②碱水浸泡豆腐1小时以上，这样豆腐才会又嫩又滑，口感细腻。

5）类似品种

烤小豆腐、手撕豆腐。

6）营养分析

能量408.5千卡，蛋白质40.5克，脂肪18.5克，碳水化合物21克。

任务26　百年豆腐丸

1）小吃赏析

豆腐丸子最初由谁创制已难考证，经雷家四代相传，工艺屡经改进，成为深受广大群众喜爱的贵州地方风味小吃，曾被评为首届中华名小吃。百年豆腐丸以成名时间、主料和成型形状命名，采用腌制和油炸的烹调方法制作，蘸水灌汤蘸食，香辣味型，形状扁圆如鸡蛋或圆球，外壳褐黄。质酥脆细嫩，入口沙沙脆响。内瓤洁白，五香料之鲜香四溢，蘸汁吃更显味美。

2）小吃原料

酸汤豆腐500克，盐8克，碱5克，花椒面5克，五香粉（八角、山柰、小茴香、桂皮、草果）6克，煳辣椒面30克，酱油8克，香油2克，胡椒粉3克，味精3克，葱花8克，折耳根20克。

3）工艺流程

①将盐、碱、花椒面、五香粉放入盛酸汤豆腐的盆中，用手使劲揉成蓉，至带黏性，加少部分葱花拌匀如泥。将揉成蓉的豆腐泥用3个指头轻轻捏拢成团，用食指、无名指并拢轻轻压扁，摆于盘中，每只重20～30克，下油烧热至五六成油温，分批放入炸成褐黄色，起锅热食。

②食用时，将丸子用竹刀划一刀口，填入用煳辣椒面、酱油、香油、胡椒粉、味精、折耳根末、葱花等兑成的蘸汁蘸食，也可拌食，还可以做汤菜。将丸子一剖为四，在汤菜快起锅时倒入，片刻起锅即成。

4）制作关键

豆腐用酸汤作凝固剂，使豆腐洁白、细嫩、清香。石膏豆腐有涩味，不宜使用。

5）类似品种

蔬菜豆腐丸子、豆腐肉丸子。

6）营养分析

能量408.5千卡，蛋白质40.5克，脂肪18.5克，碳水化合物21.5克。

任务27 威宁贡荞酥

1）小吃赏析

荞酥至少有600年历史。相传，水西女土司奢香于洪武十七年（公元1384年）赴京入朝。奢香为把乌撒（彝语，威宁）特产苦荞麦粉做成寿糕，上贡给朱元璋祝寿，连续做了七七四十九天都没成功。其厨师丁成文从实践中找到制作关键，制成九斤九两重的荞酥，中间有个“寿”字，周围有“九条龙”，喻义“九龙捧寿”。朱元璋尝后称赞为“南方贵物”，历经数代人继承和发展，不断改进和提高。新中国成立后，其规格统一定型为个重125克，分圆形和扁方形两种。精制礼盒包装分250克、500克和什锦3种。什锦盒内一般装10个，品种分别为威宁火腿、玫瑰、洗沙、水晶、桃仁、瓜条、苏麻、冰橘、椒盐、姜油等多种。威宁贡荞酥以产地、主料和成品口感命名，采用包和烤的烹调方法制作，甜香味型，酱红光亮，饼酥松香，皮面呈细蜂窝状。

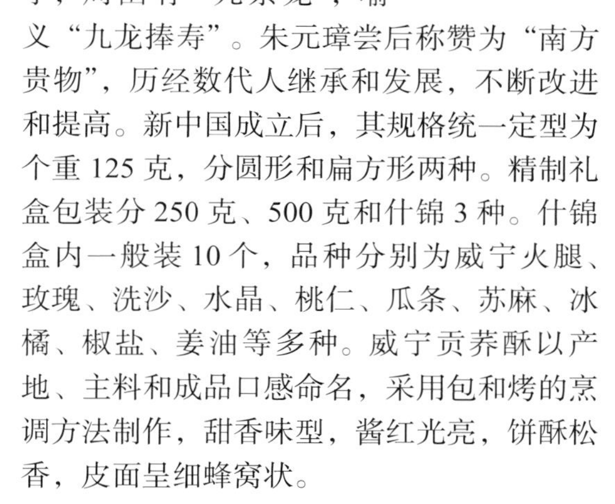

2）小吃原料

苦荞细粉1 000克，红糖粉60克，白糖粉40克，熟菜籽油20克，猪油150克，鸡蛋3个，白矾6克，苏打8克，白碱5克，熟苦荞粉300克，火腿1 000克，玫瑰糖50克，洗沙300克，桃仁50克，冰橘30克，苏麻50克，瓜条20克，椒盐25克。

3）工艺流程

①苦荞细粉加入红糖粉、白糖粉、熟菜籽油、猪油、鸡蛋、白碱、苏打、白矾混合，用搅拌机搅匀，静置一天发酵后作酥皮。

②用猪油、白糖、熟苦荞粉与火腿、苏麻、玫瑰糖等辅料搅匀制成馅。

③将皮擀薄成圆形，包上馅子，放入木模压制成形，入炉烤熟即成。

4）制作关键

荞酥形似月饼，不同的是荞酥在制皮中需静置饧发一天。荞粉约为成品重量的1/3。

5）类似品种

红茶酥饼、蔓越莓酥饼、花生酥饼。

6）营养分析

能量84千卡/个，蛋白质2克/个，脂肪4克/个，碳水化合物10.6克/个。

任务28 炒人工荞饭

1）小吃赏析

炒人工荞饭源于威宁、水城，流行于贵州省餐饮业。选用威宁荞麦粉加工成颗粒，辅以大米、威宁火腿、猪油，炒制而成。炒人工荞饭以制作方法和主料命名，采用人工合成和蒸、炒的烹调方法制作，咸鲜味型，风味独特。

2）小吃原料

威宁荞麦粉 400 克，白米饭 100 克，熟威宁火腿 50 克，猪油 20 克，盐 15 克，味精 3 克，胡椒粉 5 克，葱花 10 克。

3）工艺流程

①将荞麦粉放入竹编簸箕内，一边洒水一边摇动簸箕，使其滚成米粒大小的人工荞米，上笼蒸熟；熟威宁火腿切成颗粒；锅上火烧热猪油，下入火腿略炒；下入蒸熟的人工荞饭、白米饭炒香。

②调入盐、胡椒粉、味精、葱花炒匀起锅装盘即成。

4）制作关键

①荞麦面粉水分不宜过多。

②米饭要选用较硬的，才能保持口感，也可以防止粘锅。

5）类似品种

玉米炒饭、时蔬炒饭。

6）营养分析

能量 1 969.6 千卡，蛋白质 35.9 克，脂肪 45.7 克，碳水化合物 383.7 克。

任务29 农家烙荞饼

1）小吃赏析

荞麦具有降低胆固醇、助消化、降低血脂的作用，还可以减肥美容，是不可多得的健康食材。烙荞饼不油腻，口感酥脆。农家烙荞饼以出产地、烹调方法和主料命名，采用烙或蒸的烹调方法制作，有甜香味型和咸鲜味型，双面金黄，皮脆内嫩，入口生香。

2）小吃原料

荞麦粉 800 克，面粉 200 克，白糖 300 克。

3）工艺流程

①将荞麦粉和面粉置于盆中，加入糖水搅拌。将面团揉匀，两手向外揉搓至面团成均匀粗细的长条，用刀切成约 30 克重的圆饼生坯。

②平底锅底部刷油，均匀摆入切好的饼坯。中火将两面烙至金黄色、内熟，取出，装盘。

4）制作关键

①荞麦粉没有筋度，烙时锅中油不宜过多，否则易浸油，口感差。

②面团饧发 10 ~ 15 分钟，面皮更加松软酥脆。

5）类似品种

玉米煎饼、红糖麦饼。

6）营养分析

能量 148.4 千卡 / 个，蛋白质 2.1 克 / 个，脂肪 0.9 克 / 个，碳水化合物 35.4 克 / 个。

任务30 酸菜荞疙瘩

1）小吃赏析

荞疙瘩是人们喜欢的饮食之一。荞疙瘩与五味调配几乎可以满足人体所需营养。荞疙瘩与少量的水煮熟而成，制作简单，营养丰富，加上酸菜，让人食欲大开，回味无穷。酸菜荞疙瘩以主料、辅料和成品形状命名，采用滚和煮的烹调方法制作，酸辣味型，疙瘩软嫩，酸香可口，汤鲜回味。

2）小吃原料

荞麦粉250克，酸菜100克，干辣椒节10克，蒜苗段5克，姜片6克，盐4克，味精3克，猪油10克，胡椒面1克，鲜汤1 000克，香油1克。

3）工艺流程

①将荞麦粉放入竹编簸箕内，一边洒水一边摇动簸箕，使其滚成苞谷粒至小指头大小的荞疙瘩。

②锅置旺火上，放入猪油烧热，下入干辣椒节炒香，加姜片，放入鲜汤烧沸，加入酸菜煮出汤的酸香味。下入荞麦疙瘩，加盐、味精、胡椒面、蒜苗段微煮，淋入香油起锅，倒入汤钵内即成。

4）制作关键

荞麦疙瘩要缓慢倒入锅中，防止结块。下入荞疙瘩后，火候不宜过大。

5）类似品种

西红柿疙瘩汤、海鲜疙瘩汤、杂蔬疙瘩汤。

6）营养分析

能量811千卡，蛋白质13.5克，脂肪7.4克，碳水化合物193.6克。

模块4 民族民间奇葩食

任务31 玫瑰糖冰粉

1）小吃赏析

制作冰粉时，将名为酸浆果植物的种子（俗称冰粉籽）用纱布包起来，放在干净的水中揉搓，再放入石灰水搅拌均匀静置即成。吃的时候加入红糖水、糖玫瑰和冰块，以及干果、果脯等即可。冰粉是夏天必不可少的一道美食。玫瑰糖冰粉以主料和辅料命名，采用搓的点制烹调方法制作，甜香味型，冰凉香甜，嫩滑爽口，生津解暑，清凉降火。

2）小吃原料（按 4 碗量计）

冰粉籽 100 克，生石灰水 15 克，清水 2 500 克，糖玫瑰、三丝糖、什锦果脯、红糖、芝麻、花生、食用冰块各适量。

3）工艺流程

①将冰粉籽洗净，放入细布口袋内，封口，在冷开水中搓揉，使之完全溶解出滑腻液体；用生石灰水点入，并按顺时针方向连续搅匀，静置 4 ~ 5 小时即成冰粉。

②红糖化成糖水；芝麻炒熟；花生炒熟，用擀面杖擀碎。

③食用时，用勺子舀出冰粉装碗，加花生碎、三丝糖、什锦果脯、食用冰块，淋红糖水、玫瑰酱，撒芝麻即成。

4）制作关键

水和冰粉籽比例一定要合适，冰粉过老会影响口感。

5）类似品种

年糕冰粉、绿豆冰粉。

6）营养分析

能量 78.3 千卡，蛋白质 0 克，脂肪 0 克，碳水化合物 19.3 克。

任务32 糕粑佐稀饭

1）小吃赏析

除用米、米浆和细米粉子蒸制出各种粑粑外，在贵州，有一款糕粑稀饭。糕粑是可以独立食用的，与荸荠粉或藕粉调兑，晶莹透亮的粉糊混合，辅以玫瑰糖汁、芝麻花生碎和果脯等物，称为糕粑稀饭。因从现场冲制“稀饭”和现场蒸制糕粑，到自己动手将两者混匀的体验式小吃，一直被大家津津乐道，美味至极。细腻的粉糊，爽口的糕粑，香喷喷的调辅料，香甜可口，清新开胃。糕粑佐稀饭以主料和辅料命名，采用蒸和冲的烹调方法制作，甜香味型，米香味浓，甜而不腻。

2）小吃原料（按20份计）

籼米350克，糯米150克，碎熟花生80克，熟瓜子仁50克，果脯50克，芝麻30克，藕粉、开水、蜂蜜、白糖、玫瑰酱适量。

3）工艺流程

①籼米加上糯米打成粗粉，用水打湿后，加入白糖搅拌均匀放入圆形模具中上火蒸熟备用。

②用冷开水将藕粉打湿，在碗中加入适量的藕粉，用开水烫熟。在烫熟的藕粉上放入蒸好的糕粑，再依次放入熟花生碎、熟瓜子仁、果脯、糖玫瑰、蜂蜜、芝麻即可。

4）制作关键

①籼米和糯米粉质要粗，保持细小的颗粒，提高口感，蜂蜜也可以改成白糖。

②要先用冷开水将藕粉打湿，防止用开水冲时产生细小颗粒，不均匀。

5）类似品种

蒸蒸糕、五色糯米糕粑稀饭。

6）营养分析

能量135千卡 / 份，蛋白质3.6克 / 份，脂肪4.1克 / 份，碳水化合物21.3克 / 份。

任务33 遵义黄糕粑

1）小吃赏析

有一句广为流传的童谣：“黄糕粑，黄糕粑，大人用来哄娃娃。”黄粑又名黄糕粑，在遵义家家会做，人人爱吃，距今已有100多年历史。黄糕粑色泽深黄，软糯爽口，竹香四溢，无白糖自甜（在制作过程中，豆浆、米粉、糯米饭的一部分淀粉转化成麦芽糖所致），既可冷吃，也可炸、蒸、烤、煎后热食。遵义黄糕粑以出产地和主料命名，采用长时间蒸的烹调方法制作，甜香味型，色泽深黄，剖面晶莹闪亮，滋润香甜，软糯爽口，竹香清新。如用炸、煎、烤、烙、炒等食法，还具有外酥内糯的特点。

2）小吃原料（按100份计）

大米10千克，糯米10千克，黄豆0.6 ~ 2千克，斑竹笋壳或斑竹叶数张，绳子数段。

3）工艺流程

①将大米磨成粉待用。

②糯米用热水泡涨后蒸成糯米饭待用。

③黄豆浸泡后用水磨成豆浆，与米粉和糯米饭充分混合拌匀，搓揉成团，捏成2 ~ 4千克的长方块。

④将斑竹叶用温水泡软洗净，包好粑块，用绳子扎紧，上笼中大火蒸8 ~ 10小时，再微火保温8 ~ 12小时，取出晾冷即可冷食，也可蒸食、炸食、煎食、烤食或烙食。

4）制作关键

①黄粑甜味来自豆浆、米粉、糯米饭三者中的部分淀粉转化成的糖类。因此，三物比例也有讲究，如需增加甜味，可在混合拌匀时加入适量白糖。

②用斑竹叶包捆蒸的黄粑，成熟后具有清新的竹香。如无斑竹笋叶，可用苞谷叶或芭蕉叶代替，效果相似。

5）类似品种

小米黄粑、玉米黄粑。

6）营养分析

能量735.5千卡，蛋白质17.3克，脂肪2.9克，碳水化合物156.6克。

任务34 鸡肉小汤圆

1）小吃赏析

《黔菜传说》作者张乃恒先生诗曰："邹记鸡肉汤圆好，百年历史老字号。绿色美食有誉名，精制重质有创造。"用鸡肉、猪肉作馅的咸鲜味汤圆，煮熟后再点上特制浓酱，咸鲜香醇，软糯细滑，回味悠长。鸡肉小汤圆以主料和辅料命名，采用包和煮的烹调方法制作，咸鲜味型，口感细腻，汤汁浓郁，风味独特。

2）小吃原料

汤圆粉（糯米粉）500 克，鸡肉末 200 克，肥瘦猪肉末 150 克，盐 5 克，胡椒粉 6 克，芝麻酱 20 克，水芡粉 20 克，鸡汤 500 克，葱花 20 克。

3）工艺流程

①将鸡肉末、肥瘦猪肉末放入盛器，加入盐、胡椒粉、水芡粉搅拌，制成馅料。

②取汤圆粉 150 克放入沸水烫熟后，与剩余汤圆粉拌匀揉成团、搓成条，下剂子 50 个，捏成扁圆生坯，把馅料包入生坯，搓成直径 2.5 厘米的汤圆。

③净锅上火，加水烧沸，下汤圆煮熟至浮于水面时，捞出装入碗中，加烧沸的鸡汤，每个汤圆上放点芝麻酱与鸡汤调制的酱汁，撒葱花即可。

4）制作关键

①鸡肉不能带皮，鸡腿肉口感最好。

②选用偏肥的猪肉,汁多细腻,口感较好。

③汤圆面团，水分不宜过多。

④鸡肉汤圆下入锅中，火不宜过大，避免汤圆露馅。

5）类似品种

芝麻汤圆、酥麻汤圆、酸菜炒汤圆。

6）营养分析

能量 2 854.5 千卡，蛋白质 96.9 克，脂肪 94.1 克，碳水化合物 406.7 克。

任务35 布依枕头粽

1）小吃赏析

布依枕头粽是布依族传统风味粽子。选用本地上等的糯米、五花肉、板栗、猪油、稻草灰、盐、草果粉制成，软糯、肉香味浓、油而不腻。布依枕头粽以地方民族和形态命名，采用包和煮的烹调方法制作，咸鲜型味，清香味浓郁，口感软糯，肉香味十足，油而不腻。

2）小吃原料

本地糯米 1 000 克，五花肉 300 克，板栗 100 克，粽粑叶 300 克，稻草 300 克，稻草灰 100 克，草果粉 10 克，盐 20 克，猪油 50 克。

3）工艺流程

①将糯米洗净，滤干水分，放入盛器，加入稻草灰，搅拌均匀，使米制成黑灰色，将五花肉切厚片。

②净锅上火入油烧至四成热，放五花肉、糯米、盐、草果粉、板栗翻炒均匀，起锅纳凉。

③用 3 张粽粑叶重叠展开，按每个 250 克（即肉 2 片、板栗 4 粒）包入粽粑叶做成长 15 厘米的椭圆形，用稻草捆扎，放锅内加水浸泡 4 小时。锅加盖，上大火煮熟透即成，可切段、切片食用，也可煎食，炸食。

4）制作关键

五花肉需要腌制，草灰越细越好。

5）类似品种

五色水晶粽、碱水粽。

6）营养分析

能量 4 735 千卡，蛋白质 100.3 克，脂肪 116.6 克，碳水化合物 825.2 克。

任务36　深山清明粑

1）小吃赏析

清明粑是贵州的一种祭食，用清明菜与糯米加工而成。其中，清明菜是当地人在仲春至清明前后到野外采集的一种名为“鼠曲草”的野菜，特有的草香是组成清明粑清香的主要成分。早期的清明粑类似月饼的形状，馅心有火腿、洗沙、玫瑰、白糖等。食时，用平锅放少许猪油，微火煎成两面微黄，香脆清甜可口，口感脆甜而有嚼劲。深山清明粑以出产地、出产时间和主料命名，采用蒸、舂和煎的烹调方法制作，甜香味型，米香味十足，口感细腻，颜色翠绿，还有淡淡的清香。

2）小吃原料（按10份计）

糯米3 000克，清明菜500克，白糖馅心4 000克，引子300克。

3）工艺流程

①选用上等的糯米经淘洗后浸泡4 ~ 6小时，滤去水分待用。

②清明菜选用嫩芽和花蕾，经清洗去渣处理。

③将糯米与清明菜混合入甑蒸熟，倒入石礁窝或特制木槽中，用木棒舂成蓉状，并分成若干块，每块约100克。

④将清明粑蒸软后，包入白糖馅心，再蒸制或煎制。也可直接蒸或煎熟后裹上一层引子（或白糖）食用。

4）制作关键

清明菜不宜过老，注意收口，不然易露馅。

5）类似品种

棉菜粑、野菜饼、叶儿粑。

6）营养分析

能量2 674.5千卡，蛋白质23.45克，脂肪3.3克，碳水化合物639克。

任务37 糯米小包子

1）小吃赏析

出产于贵州铜仁市沿河土家族自治县的糯米包子，是贵州乃至全国独有的采用糯米作为皮制作的包子。其成品香软可口，油而不腻，味道鲜美。糯米小包子以主料和成品形状命名，采用包和蒸的烹调方法，咸鲜味型，米香十足，软糯鲜香，肉香四溢。

2）小吃原料

糯米 1 200 克，黏米 200 克，肥瘦猪肉末 250 克（半肥半瘦），盐菜末 100 克，豆腐粒 100 克，花生末 50 克，姜末 20 克，蒜苗 20 克，葱花 20 克，盐 10 克，味精 5 克，花椒粉 5 克，甜酒 30 克。

3）工艺流程

①将糯米、黏米混合放入盛器内，加温水浸泡 3 ~ 5 小时，反复淘洗至没有浑水，滤干，打成细粉。

②用 20% 的细粉放入锅里调匀打成米芡，然后掺入干粉揉成团，双手捏成鸡蛋大小的圆形面团。

③炒锅置中火上，放入少许油烧热。先将肥肉末下锅，炒至油渣呈黄色时下瘦肉同炒，至水分五成干，加甜酒、盐、花椒粉、姜末、蒜苗、盐菜末、豆腐粒同炒，起锅后加味精、葱花，即成咸馅。

④在粉团上均匀挤按出一个窝，加馅，将口收拢封好，上笼蒸 15 分钟至熟即可。

4）制作关键

肉要选用五花肉，盐菜要用水浸泡 5 ~ 7 分钟，去除多余盐味。

5）类似品种

叶儿粑、猪儿粑。

6）营养分析

能量 6 296 千卡，蛋白质 160.5 克，脂肪 135.4 克，碳水化合物 1 119.6 克。

任务38 小豌豆凉粉

1）小吃赏析

张乃恒诗云："普安城中百年店，余氏凉粉为祖传。豌豆凉粉需精制，佐料多样容自选。"小豌豆凉粉酸辣鲜香爽，乃开胃佳品。小豌豆凉粉以主料命名，采用煮、点制和拌的烹调方法制作，酸辣味型，色彩艳丽，口感细腻，酸辣爽口。

2）小吃原料（以50份计）

干豌豆3 000克，炸黄豆30克，熟绿豆芽30克，盐菜15克，盐5克，姜末5克，蒜泥5克，葱花15克，红油辣椒20克，酱油15克，陈醋10克。

3）工艺流程

①取干豌豆3 000克洗净，用温水浸泡12小时，磨成浆，放入盛器，在室温22 ℃条件下沉淀8小时。

②净锅上火，将浆倒锅内熬煮，盛器底白色沉淀留用。用勺子顺一个方向不停地搅拌，待浆煮沸后，将白色沉淀物慢慢倒入锅中，一边倒一边用力搅拌均匀。继续煮5分钟至熟起锅，倒入盆中，冷却后即成豌豆凉粉。

③取豌豆凉粉300克，切成片或条状装盘，加炸黄豆、熟绿豆芽、盐菜、盐、姜末、蒜泥、葱花、红油辣椒、酱油、陈醋等拌匀食用。

4）制作关键

火不宜过大，面浆要缓慢倒入锅中，并不停搅拌。

5）类似品种

米凉粉、胡豆凉粉。

6）营养分析

能量302.4千卡，蛋白质20.1克，脂肪5.3克，碳水化合物45克。

任务39 山药大寿桃

1）小吃赏析

山药大寿桃是创新小吃，是祝寿象形小吃，也是山药创新美食。山药大寿桃一改寿桃用面粉制作的习惯，改用特产山药和糯米面制作。安顺种植山药300余年，品质极佳，具有滋养、助消化、敛虚汗、止泻之功效。山药大寿桃以主料和成品形态命名，采用蒸的烹调方法制作，甜香味型，造型美观，色泽艳丽，香甜可口。

2）小吃原料

山药300克，糯米面150克，洗沙馅150克，青菜50克，红苋菜100克，白糖25克，水淀粉30克。

3）工艺流程

①青菜取叶洗净放在平盘上，红苋菜洗净搓揉出菜汁。山药去皮洗净切成滚刀块，装盘放入蒸笼蒸至熟软。取出，在案板上压成蓉，加入糯米面、清水揉压均匀，包入洗沙馅，捏成扁桃形状，表面淋上红苋菜汁，放在铺垫了青菜叶的平盘中入笼蒸15分钟至熟，离火出锅。

②锅置旺火上，放入清水加白糖烧沸至融化，勾入水淀粉烧成稠汁，起锅浇在盘内的寿桃上即成。

4）制作关键

糯米团子不宜过软，否则定型效果差。

5）类似品种

山药蒸糕、玉米寿桃。

6）营养分析

能量1 110千卡，蛋白质28.5克，脂肪5.5克，碳水化合物241克。

任务40 银耳石榴米

1）小吃赏析

银耳石榴米是一款创新小吃。银耳补脾开胃、益气清肠、滋阴润肺，可增强人体免疫力。银耳石榴米是一道特别新潮的酒宴甜品。银耳石榴米以主料和辅料来命名，采用煮的烹调方法制作，甜香味型，汤色红亮，银耳细嫩，香甜可口。

2）小吃原料

山药粉50克，水发银耳30克，苏木汁10克，冰糖20克，白糖10克。

3）工艺流程

①将山药粉放入竹簸箕，一边淋清水一边摇动。将山药粉滚成直径为0.3 ~ 0.4厘米的圆颗粒。在汤锅加入清水，放入苏木汁，烧至汤汁呈红色，下入山药粉颗粒煮至外表呈石榴米状盛出，浸泡在清水中防止粘连。

②冰糖、白糖、水发银耳放入汤锅，加清水烧沸至糖溶化，再放入石榴米搅拌均匀，起锅冷却，装入汤钵上桌即成。

4）制作关键

山药面团不宜过软，银耳要煮至浓稠。

5）类似品种

百合银耳汤、银耳西米露。

6）营养分析

能量107千卡，蛋白质3.95克，脂肪0.52克，碳水化合物26.39克。

REFERENCES 参考文献

[1] 贵阳市遵义路饭店. 黔味菜谱 [M]. 贵阳：贵州人民出版社，1981.

[2] 贵阳市饮食服务公司，北京贵阳饭店. 黔味荟萃 [M]. 贵阳：贵州人民出版社，1985.

[3] 贵州省饮食服务公司. 黔味菜谱：续集 [M]. 贵阳：贵州人民出版社，1993.

[4] 杨月欣，王光亚，潘兴昌. 中国食物成分表：第一册 [M]. 2 版. 北京：北京大学医学出版社，2009.

[5] 吴茂钊. 美食贵州：探索集 [M]. 贵阳：贵州人民出版社，2007.

[6] 吴茂钊. 贵州农家乐菜谱 [M]. 贵阳：贵州人民出版社，2008.

[7] 吴茂钊. 贵州风味家常菜 [M]. 青岛：青岛出版社，2016.

[8] 吴茂钊，杨波. 贵州江湖菜：全新升级版 [M]. 重庆：重庆出版社，2017.

[9] 张智勇. 黔西南风味菜 [M]. 青岛：青岛出版社，2018.

[10] 吴茂钊，张乃恒 . 黔菜传说 [M]. 青岛：青岛出版社，2018.

[11] 吴茂钊. 追味儿：跟着大厨游贵州 [M]. 青岛：青岛出版社，2018.

[12] 吴茂钊. 黔菜味道 [M]. 青岛：青岛出版社，2019.